KB090485

전 세계 사람의 건강을 위한

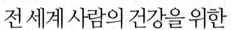

사찰김치

성민스님 감수

황은경 저

사찰음식은 자연의 생명력을 밥상에 옮겨놓은 음식이라고 할 수 있습니다. '웰빙식'이니 '자연식'이니 찾을 것 없이 절기에 맞는 식재료를 고루 갖춘 상차림만으로도 건강한 밥상을 차릴 수 있습니다. 사찰음식은 무공해 채소와 콩의 발효를 위주로 하여 만든 음식으로서, 우리의 전통 자연음식인 동시에 '건강음식'입니다.

ⓑ (주)백산출판사

절(사찰)에서 생활하는 스님들이 먹는 밥을 '공양(供養)'이라고 합니다.

이 공양의 의미는 일종의 수련이고 수행이라고 여깁니다.

그렇기 때문에 밥을 먹을 때는 '밥알 하나하나에도 만인의 노고가 담겨 있다'고 생각하면서 어느 때보다 고요하고 겸허하게 식사를 합니다.

공양을 위한 예식은 오관게(五觀偈)로 이루어집니다.

計功多少量彼來處(계공다소량피래처) - 이 음식이 어디로부터 왔는가 자세히 살펴보니,
村己德行全缺應供(촌기덕행전결응공) - 내 조그만 덕행으로는 받기가 부끄럽네…
防心離過貪等爲宗(방심이과탐등위종) - 마음을 다스려서 온갖 욕심을 버리고,
正思良藥爲療形枯(정사양약위료형고) - 바른 몸을 유지하는 좋은 약으로 생각하여,
爲成道業膺受此食(위성도업응수차식) - 깨달음을 이루기 위해 이 공양을 받습니다.

또한 스님들이 공양할 때는 '발우'라고 하는 그릇을 사용합니다.

어시 발우에는 밥을 담고,
청수 발우에는 물을 담고,
국 발우에는 국을,
찬 발우에는 반찬을 담습니다.
그리고 남김없이 모두 먹습니다.

한 방울의 물에는 천지의 은혜가 스며 있고, 한 알의 곡식에는 만인의 노고가 담겨 있기 때문입니다. 어떤 음식이 좋다고 해서 무조건 많이 먹는 것은 문제가 있기에 자제력을 기르고 식욕에 대한 욕망을 스스로 줄이는 것, 자신의 마음을 길들이고 자신의 건강을 돌보는 행위의 일체가 공양이라고 생각합니다. 스님들의 공양은 음식인 동시에 곧 수련(修練)이자 수행(修行)을 뜻합니다.

따라서 사찰의 발효음식에 대한 관심과 더불어 사찰의 발효음식체험이 늘어나고 있는 즈음에 이 책을 활용하여 '나'와 '우리'에서 '모두'로 전 세계 사람을 향한 '사찰발효음식'이 되었으면 하는 마음을 담습니다.

대한불교조계종16교구장
(사)한국사찰음식문화협회 이사장 호성

추천사

사월 초파일이나 동지 등 사찰에서 행사를 할 때면 공양간은 더없이 분주해집니다.
법당에서 불공을 끝내고 절밥을 마주한 사람들은 무척이나 만족한 모습입니다.
이 같은 모습은 가진 것이 많은 사람이든 가진 것이 적은 사람이든 비슷합니다.
그렇다고 사실 절밥이 뭐가 다른 게 있겠습니까?
그저 밥과 나물찬 그리고 나물국 하나가 전부입니다.
그런데도 최근에 많은 사람들이 절밥(사찰음식)에 큰 관심을 보이고 체험하고 싶어 하는 것을 보고 사찰음식의 좋은 점은 무엇일까 생각해 보았습니다.

사찰음식이란 이 세상의 먹거리 중에서 가장 '친환경적인 자연음식'이라고 생각합니다.

우리 몸에 가장 좋은 음식은 생기(生氣)를 듬뿍 함유한 자연식이라 생각합니다.
즉 야생초, 나뭇잎, 줄기, 뿌리 등은 대지의 에너지와 햇살, 신선한 공기가 빚어내는 파장으로 담백한 식품이 됩니다.

우리가 식품에서 섭취하는 것은 칼로리만이 아니라 식품이 지니고 있는 생명력입니다.
자연의 기(氣)가 듬뿍 든 음식을 먹는 것은 자연과 감응하는 힘을 길러 건강한 신체를 만듭니다.

사찰음식의 식재료들은 산과 들에 나는 천연 무공해 재료를 이용하여 오신채(五辛菜)와 인공조미료, 육류, 어류를 전혀 사용하지 않으면서 최대한 자연의 맛과 향을 담은 담백하고 소박한 자연음식입니다.

대한불교조계종16교구 서악사 주지
(사)한국사찰음식문화협회 회장   도륜

우리의 오랜 전통이 불교를 말해주듯, 실상 사찰음식은 우리 선조들에게서 대대로 물려받은 음식문화 중 하나입니다.

사찰음식은 양념이 많지 않던 시대에 옛 어른들이 만들던 방법대로 오신채의 양념을 쓰지 않아 식재료의 향미를 그대로 느낄 수 있으며, 열량이 높지 않아 과식을 해도 크게 이상이 생기지 않는 자연스러운 음식으로 이는 곧 '절밥'이라 할 수 있습니다.

사찰음식은 자연의 생명력을 밥상에 옮겨놓은 음식이라고 할 수 있습니다.

'웰빙식'이니 '자연식'이니 찾을 것 없이 절기에 맞는 식재료를 고루 갖춘 상차림만으로도 건강한 밥상을 차릴 수 있습니다.

사찰음식은 무공해 채소와 콩의 발효를 위주로 하여 만든 음식으로서,

첫 번째는 암발생률을 낮춘다.

두 번째, 면역력을 높인다.

세 번째, 혈관계 질병을 예방한다.

네 번째, 간장을 보호한다.

다섯 번째, 설사와 변비를 개선한다.

여섯 번째, 아토피와 알레르기 피부에 좋다.

일곱 번째, 콩은 뼈의 건강에 도움을 준다고 합니다.

따라서 사찰음식은 우리의 전통 자연음식인 동시에 '건강음식'으로 정의하고자 합니다.

전통 자연음식이란 옛날 농약과 화학비료가 나오기 전에 산과 들에서 산나물이나 들나물을 뜯어먹고, 큰 가마솥에 누런 메주콩을 푹푹 삶아 방 안에서 메주를 띄우고, 나머지는 아랫목에 청국장을 띄워 먹었던 민족 전통식품을 말합니다.

그러나 오늘날 과학이 발달하고 복잡한 세상에서의 삶은 스트레스의 연속이고 그것으로 인하여 원인도 알 수 없는 성인병과 불치병의 발병률이 증가하고 있습니다.

이때 산야초와 자연식인 사찰음식을 먹으면 서서히 건강을 회복할 수 있는 건강음식이 될 것입니다.

사찰음식이 질병을 치료해 줄 수는 없지만 사찰음식을 통하여 마음을 정결하게 하고 몸속의 독소를 배출하고 자연 치유력을 갖게 하는 음식이라 생각합니다.

대한불교조계종16교구 봉서사 주지
(사)한국사찰음식문화협회 감사　　성민

머리말

　발효식품은 우리나라뿐만 아니라 세계적으로 주목받고 있는 건강식품으로 식문화권에 따라 특색이 다르고 곡류, 채소류, 어패류, 콩류, 주류 등으로 다양하게 발전하여 왔습니다.

　사찰음식의 발효란 곡물이나 채소를 삭히는 과정을 의미하는데 미생물의 종류와 식품재료에 따라 발효식품의 종류는 다양하며, 각기 독특한 특징과 풍미를 만들어냅니다.

　사찰음식에서는 주로 농산물, 임산물 등이 재료로 쓰이는데 그 특유의 성분들이 미생물의 작용으로 분해되고 새로운 성분이 합성되어 영양가가 향상되며 기호성·저장성이 우수해집니다.

　한국음식의 가장 기본적인 양념인 간장·된장·고추장부터 한국을 대표하는 건강 발효음식인 김치, 장아찌의 발효과정을 거쳐 만드는 발효음식을 소개하고자 합니다.

　이를 통해 각종 영양소와 유산균이 풍부한 발효음식이 한식의 기본이 됨을 설명하고, 음식이 몸에 약이 된다고 생각했던 우리 조상들의 삶 속에서 찾은 발효음식의 지혜를 사찰발효음식의 김치, 장아찌에 담았습니다.

　또한, 장류·김치류를 이용한 다양한 발효소스를 이용하고 오신채가 익숙하지 않은 어린이와 외국인이 한국의 발효음식을 쉽게 이해할 수 있도록 구성된 메뉴이며 건강한 내일을 위한 발효음식의 기능성을 더욱 친근하게 느낄 수 있도록 알기 쉬운 레시피를 제공하여 발효음식의 활용 가능성도 선보였습니다.

　이 책의 발간은 (사)한국사찰음식문화연구소 활동의 하나로 사찰음식을 생활 속에서 쉽게 접할 수 있도록 사찰과 일반인들이 소통하고 나누는 장이 되었으면 합니다.

　끝으로 이 책의 발간을 위해서 전폭적인 지원과 협조를 아끼지 않은 대한불교조계종16교구장이자 (사)한국사찰음식문화협회 이사장이신 호성스님, 협회 회장 도륜스님, 협회 감사 봉서사 성민스님, 감사 김병기 박사님, 처음부터 끝까지 도와준 예쁜 제자 윤지인 양을 비롯하여 백산출판사 진욱상 사장님과 진성원 상무님, 이경희 부장님, 이관진 사진작가님께 고마움을 전합니다. 감사합니다.

(사)한국사찰음식문화협회 운영위원장

황은경

사찰요리이론   사찰김치

 # 사찰장아찌

사찰
요리
이론

··· 사용하기 편리한 계량법·어림치

가정에서 재료의 분량을 정확히 측정하기는 어려워요.
계량 스푼이나 계량 컵 없이도 주변 도구들을 이용해서 편리하게 계량하는 방법을 알아볼까요?

• 종이컵·소주잔(1Cup, 200cc)

일반적인 종이컵의 한 잔을 꽉 채웠을 경우 195ml(약 200ml)이고,
소주잔의 경우에는 약 40ml이다.

·**분량**_ 1컵 = 200ml = 200cc = 13Ts + 1ts = 8oz
·**대체**_ 소주 5잔(1잔 = 40ml)
·**용도**_ 국물, 간장, 식초 등의 액체 측정
·**측정**_ 액체가 흔들리지 않도록 평평한 장소에서 재도록 한다.

• 일반 숟가락

숟가락 끝을 맞춰 평평하게 깎아냈을 때

1큰술 = 1½숟가락	1작은술 = ½숟가락
2큰술 = 3숟가락	2작은술 = 1숟가락

1Ts = 15ml
·**분량**_ 1큰술 = 1Ts = 15cc = 15ml = 15g = 3ts

1ts = 5ml
·**분량**_ 1작은술 = 1ts = 5cc = 5g
·**용도**_ 밀가루, 찹쌀가루, 설탕, 고춧가루 등의 양념 측정
·**측정**_ 숟가락 끝을 맞춰 평평하게 깎아서 측정

··· 쉽게 알아보는 사찰재료의 단위 어림치

채소 · 버섯류			과일 · 곡류 · 가공식품			양념류		
• 배추	1포기	1.2kg	• 사과	1개	200g	• 천일염	1큰술	12g
• 무	1개(中)	850g	• 감	1개	160g	• 고춧가루	1큰술	5g
• 풋고추	1개	15g	• 딸기	1개	10g	• 설탕	1큰술	12g
• 생강	1쪽	4g	• 참외	1개	250g	• 간장	1큰술	17g
• 오이	1개	140g	• 복숭아	1개	150g	• 된장	1큰술	18g
• 깻잎	10장	16g	• 쌀	1컵	180g	• 고추장	1큰술	18g
• 가지	1개	80g	• 통보리쌀	1컵	170g	• 식초	1큰술	14g
• 고구마		150g	• 밀가루	1컵	120g	• 조청	1큰술	20g
• 당근	1개	100g	• 녹두	1컵	160g			
• 미나리	1단	200g						
• 상추	1잎	5g						
• 셀러리	1줄기	60g						
• 두부	1모	320g						
• 우엉	1대	80g						
• 연근	1개	190g						
• 호박	1개	200g						
• 팽이버섯	1봉지	100g						
• 느타리버섯	5개	100g						
• 양송이	5개	80g						
• 표고버섯(건)	1개	3g						
• 피망	1개	35g						
• 양배추 잎	1장	100g						

··· 사찰의 채수 만들기

• 채소물

재료_ 물 1L, 건표고버섯 2개, 다시마(5cm×5cm) 1장, 무 200g, 대파 1부리, 말린 고추 2개

조리하기_ 1. 우선 표고버섯과 다시마를 찬물에 넣고, 30분간 우린다.
  2. 표고버섯 우린 물에 나머지 채소를 넣고, 15~20분 정도 끓인다.
  3. 끓여진 채수는 면포에 걸러 맑은 채수만 사용한다.

보관방법_ 채수가 완전히 끓으면 모든 재료를 건져내고 식혀서 200cc씩 담아서 냉동 보관한다.

맛 point
• 단맛을 내고 싶으면 양배추를 몇 장 넣어준다.
• 매운맛을 내고 싶으면 물 1L에 고추씨 2Ts을 넣는다.
• 오신채가 들어가지 않은 전통 사찰음식을 원하지 않을 때는 파뿌리와 양파를 함께 넣어도 무방하다.

1장 사찰김치와 일반김치의 차이점

일반 가정에서와는 달리 젓갈과 파·마늘 등 오신채를 삼가고, 생강과 소금을 기본양념으로 하여 담그는 사찰김치는 스님들의 수행과정과도 같이 정갈하고 담백하다. 채식문화를 대변하는 만큼 절 주변의 자연에서 얻은 재료들로 담가 그 맛이 독특하며, 계절별·지역별로 종류도 다양하다. 계절에 따라 김치의 재료와 양념, 담그는 법을 소개한다.

김치는 한국인의 밥상에 없어서는 안 될 음식으로 자리 잡고 있다. 문헌에 따르면 약 3천년 전 중국의 《시경(詩經)》에 오이로 만든 채소절임을 뜻하는 저(菹)라는 글자가 언급되어 있는데, 이것이 김치의 어원이 아닐까 추정해 볼 수 있다. 우리나라는 《삼국지위지동이전》에 소금절임 '저(菹)'가 등장하는 것으로 보아, 이 무렵부터 오늘날 김치의 전신인 절임김치를 담가 먹은 것으로 생각한다.

이렇게 유구한 역사를 가지고 우리와 함께한 김치는 사찰에서도 중요한 부식의 하나인데, 만드는 방법과 재료에 있어서는 일반 가정의 김치와 차이가 난다.

1. 가정과 다른 기본양념과 재료들

사찰김치는 일반 가정의 김치와 같은 재료인 소금·간장·된장·고추장·식초·생강·후추·고추·겨자·다시마·표고버섯을 사용하고 있으나, 오신채(五辛菜)에 속하는 파·마늘·부추·달래·흥거와 젓갈은 넣지 않고 생강과 소금을 기본양념으로 한다. 소금은 정제되지 않은 굵은소금을 쓰며, 찹쌀죽·밀가루풀·보리밥·감자·호박 삶은 물과 잣죽에 배즙·무즙도 넣는다.

젓갈 대신 발효식품인 간장 또는 된장을 넣어서 담그기도 하는데, 콩잎에 된장을 풀어 김치를 담가 쌈을 싸 먹기도 한다. 늦봄까지 먹을 김치에는 소금을 많이 넣고 다른 양념 없이 고춧가루만 조금 넣는다.

가장 많이 쓰는 무·배추·열무 이외에도 고들빼기·무청·갓·대 오른 상추·엄나무순·참나물·시금치·고구마순·연근·우엉·고추 등은 손쉽게 구할 수 있지만, 일반 가정에서는 잘 사용하지 않는 재료를 주재료로 쓰기도 한다. 계피잎과 계핏가루 등은 고춧가루가 우리나라에 들어오기 전 매운맛을 내는 대표적인 양념으로 쓰였으며, 천연방부제 역할을 하던 약초를 이용해 김치를 담그는 것이 특징이다.

일반 가정에서는 젓국이나 생선류를 넣어 김치 맛을 좋게 하지만, 사찰에서는 늙은 호박을 삶아 소쿠리에 밭친 호박물에 고춧가루·생강과 부재료를 넣고 버무려 담그기도 한다. 오래 두고 먹을 것은 호박즙을 넣지 않고 담근다.

2. 담백하고 시원한 겨울철 사찰김치

이처럼 일반 가정의 김치와 여러모로 다른 사찰김치는 계절별·지역별로 형태가 다양하다. 먼저 겨울에 담그는 김치는 겨우내 먹을 김치로, 일반 가정의 김치와 비교해 젓갈을 쓰지 않기 때문에 비릿한 냄새도 없고 담백하고 시원한 편이다. 사찰의 겨울 김치로는 배추김치·총각김치·장김치·백김치·고춧잎섞박지·보쌈김치·깍두기·호박김치·동치미·된장갓김치·무짠지 등이 있다.

김장김치 재료는 배추·무·갓·미나리·청각·무채·고소·계피잎·고춧가루·소금·간장·된장·통깨를 사용한다. 재료를 준비하여 다시마와 표고버섯을 넣고 찹쌀죽을 쑤어 식혀 고춧가루 양념에 버무린 다음, 절인 배추 잎 사이에 고르게 채우고 겉잎을 싸서 항아리에 차곡차곡 담아 하루가 지난 뒤 겉잎을 덮고 돌로 눌러놓았다가 먹는다.

가을과 이른 겨울에는 찹쌀죽을 사용하고, 겨울에는 늙은 호박죽을 쓰며, 정월 후에는 들깨를 깨끗이 씻어 넣거나 믹서나 맷돌에 갈아 체로 거른 들깻물에 갓·생강·고춧가루만 넣어 버무려서 묻었다가 먹는다. 김치 담글 때 고춧가루를 미지근한 물에 미리 풀어놓아 색깔을 붉게 하고, 깍두기는 겨울에는 큼직하게, 정월 후부터는 약간 작게 썰어서 양념하여 담근다.

장김치는 무와 배추속대를 부처님께 올렸던 잣·밤·대추·배·사과 등의 과일과 함께 진간장에 버무려 담갔다가 익으면 꺼내 먹는다. 맛이 달착지근하여 떡 먹는 상이나 떡국상에 자주 올린다.

또 가을에 딴 깻잎으로 담그는 깻잎김치는 먼저 깻잎을 소금물에 삭혀서 한 번 삶아 깨끗이 씻어 물기를 닦아 놓는다. 대추·생강·밤을 얇게 채치고 풋고추와 붉은 고추를 썰어 놓았다가 깻잎에 채친 재료를 층층이 넣고 실로 묶어 항아리에 담는다. 그리고 그 위에 실고추와 잣을 뿌리고 국물 간을 맞춰 부은 다음 익으면 먹는다.

고춧잎섞박지김치는 우선 늦가을에 고춧잎을 따서 약하게 탄 소금물에 2~3일간 삭혔다가 건져서 씻고 무는 썰어서 절여 놓는다. 찹쌀죽을 묽게 쑤어 식힌 다음 고춧가루·생강·소금·고춧잎·무·갓·통깨·실고추를 함께 버무려서 삭혀 먹는다.

호박김치는 늙은 호박을 반으로 갈라 씨를 쪽배 모양으로 잘라 도톰하게 썰어 소금을 뿌려 놓았다가 절여지면 소쿠리에 쏟아 물기를 뺀 뒤 절인 호박을 양념에 버무려 담근다. 호박의 당분은 소화흡수가 잘되어 위장이 약한 사람에게 좋다.

그 밖에 겨울의 별미김치로 홍시배추김치를 들 수 있다. 굵게 채 썬 무에 고춧가루만 넣고 버무려, 다시마 찹쌀죽을 쑤어 식으면 마른 고추 간 것과 홍시 으깬 것, 다진 생강, 집간장, 소금을 넣어 간한다. 절인 무채에 양념한 찹쌀죽을 넣고 골고루 섞어 갓을 넣은 뒤, 다시 버무려 양념한 속을 배추 잎 사이사이에 조금씩 넣으면서 단감을 배추 사이사이에 박아두면 계절과일의 풍미가 한껏 나는 홍시배추김치가 된다.

3. 여름 · 가을에 담그는 사찰김치

신진대사가 활발해지는 봄에 많이 먹는 봄김치에는 미나리김치, 엄나무순김치, 질경이김치, 삼동추(월동추)김치, 참나물김치, 민들레잎김치, 배추미나리물김치 등이 있다.

엄나무순김치는 관절염·종기·암·염증 질환에 좋다는 엄나무순 중 연한 것만 골라 옅은 소금물에 절여 건져서 찹쌀죽에 고춧가루·집간장으로 버무린다.

참나물김치는 참나물·들깨즙·생강·고춧가루·감초·소금을 사용하는데, 연한 소금물로 참나물의 숨을 죽인다. 들깨즙을 묽게 쑤어 고춧가루·생강·감초물·소금과 섞는다.

민들레잎김치는 쓴맛이 위와 심장을 튼튼하게 하며 위염이나 위궤양도 치료한다는 민들레잎을 찹쌀풀에 들깨즙 섞어 붉은 고추·생강·소금·감초물과 함께 살살 섞어 담는다.

여름김치에는 콩잎김치·오이소박이·오이소박이물김치·열무김치·풋고추열무김치·상추대공김치·가지김치·시금치김치 등이 있다.

농촌에서는 하얀 콩의 꽃이 피기 전에 여린 콩잎들을 따준다. 이것은 콩 열매가 더욱 많이 영글게 하기 위해서인데, 이렇게 딴 콩잎들로 장아찌나 김치를 담근다. 이때 담가 먹는 콩잎김치는 열무김치처럼 국물까지 모두 먹는데, 밥에 콩잎김치를 얹어 먹으면서 국물을 떠먹기도 한다.

콩잎김치에는 콩잎·밤·생강·무·소금·풋고추·붉은 고추·잣·된장 푼 물을 사용한다. 깻잎김치와 비슷한 방법으로 담그는데, 다만 찹쌀풀물 대신 된장 푼 물로 간을 맞춘다. 콩잎에 재료를 층층이 넣어 항아리에 담고, 마지막에 된장 국물로 간을 맞춰 담았다가 약간 누렇게 삭으면 그릇에 담는다.

사찰의 열무김치에는 파·마늘·젓갈을 넣지 않으므로 열무의 풋내가 나지 않도록 주의해야 한다. 씻을 때도 미리 받아 놓은 물에 살살 씻고, 소금물에 절일 때에도 뒤적이지 않아야 한다. 풀국을 쑬 때 감자와 다시마를 넣으면 구수하면서 단맛을 더할 수 있다.

상추대공김치는 대공이 오른 상추와 붉은 고추·생강·고춧가루·미나리·소금·풀물을 사용한다. 상추는 절이지 않고 대공째 씻어 풀물에 소금을 간간하게 타고, 고춧가루·붉은 고추·소금·생강을 썰어 넣고 간간하게 간을 맞춰 항아리에 상추를 넣고 풀물을 부어서 2~3일 후에 먹는다.

가을김치는 소금으로만 간간하게 담근 배추백김치, 소금과 고추씨를 섞어 절인 무짠지, 대나무를 넣어 담근 대나무동치미 등이 있다. 특히 무청김치는 덜 익은 고추를 절구에 쿵쿵 찧어 담그는데 쌉싸름한 무청김치 국물에 밥이나 국수를 비벼 먹으면 일품이다. 국수를 좋아하는 스님들은 동치미 국물에 말아 먹는 동치미국수를 별미로 여긴다.

갖가지 사찰김치는 김칫국·김치죽·김치전·김치떡국·김치국수·김치만두 등을 끓일 때도 넣어 먹는다. 봄이면 신김치를 씻어서 말렸다가 간장과 조청을 넣고 김치장조림을 해서 먹는 것도 사찰김치의 색다른 맛이다.

노스님들은 된장과 김치와 스님은 같다고 한다. 된장도 숙성해야 제맛이 들고, 김치도 제대로 익을 때까지 바깥 공기가 들어가지 않아야 김치 맛이 나고, 스님도 수행이 된 뒤에야 스님으로서 제 노릇을 한다는 것이다. 자연이 주는 부산물들로 자연과 더불어 정갈하게 준비하는 사찰김치는 자연의 혜택과 보전을 잊지 말아야 함을 되새기게 한다.

사찰김치와 일반김치의 재료 비교

	공통 재료	사찰김치에서 사용할 수 없는 재료
사찰김치	소금·간장·된장·고추장·식초·생강·후추·고추·겨자·다시마·표고버섯 등	양파, 어류(젓갈), 오신채(파·마늘·부추·홍거·달래)
일반김치		

2장 사찰음식에 대하여

1. 사찰음식의 소비추이

　오늘날 경제성장과 더불어 세계화의 인식이 고조됨에 따라 외국의 식문화가 대량으로 유입되고 있으며, 여성의 사회활동 및 소득의 증가와 함께 핵가족의 확산으로 가공식품 및 간편식의 소비가 크게 증가하고 있다. 인스턴트 식품과 가공식품의 범람, 패스트푸드점의 급속한 이용 증가 등으로 빚어지는 식생활 환경의 변화는 자라나는 아이들에게 만성 질환과 관련하여 각종 성인병의 발병률을 현저히 높이고 있다.

　이러한 사회적 현상에 대하여 현대인의 의식형태가 점차 변화하고 있다. 이에 따라 몸에 좋은 건강음식 또는 보양음식과 같은 식문화에 대한 패러다임이 전환되고 있다. 즉 웰빙, 로하스, 웰니스 형태로 변하고 있으며, 건강에 대한 관심이 증가하면서 육식 위주에서 채식 위주로 음식문화가 크게 바뀌었다. 이러한 트렌드에 가장 잘 맞는 음식이 바로 사찰음식이다. 이는 또한 자연식에 대한 새로운 호기심과 의학, 영양적 치료 의미를 갖는 새로운 개념의 '힐링음식'으로 알려지면서 더 많은 관심을 모으고 있다. 채식 중심의 사찰음식은 자연 그대로의 맛을 유지하는 것을 중시하고, 산에서 자라는 약용식물의 이용과 수분 및 비타민, 무기질 함량이 높은 반면, 저열량을 나타내는 식물성 식품, 즉 채소 위주의 식단으로 이루어져 있으므로 체중감량의 다이어트식으로도 활용될 수 있다. 사찰음식은 우리의 간장이 식생활과 매우 밀접한 관계가 있음이 입증되면서 대중들의 관심과 호응이 높아져 세계적인 음식으로 발돋움하고 있을 뿐 아니라 주목받고 있는 동양의 선(禪)사상이 깃들어 있는 대표음식이다.

2. 사찰음식의 역사와 유래

불교는 우리의 사고에 변화를 초래하고 사회의 가치관을 변화시켰으며 여러 가지 규범과 음식에 대한 제한, 금기, 장려 등을 통하여 우리 생활에 영향을 끼쳐 왔다. 특히 초기 사찰음식은 삼국의 신라시대(법흥왕 16년) 이후 불교가 공인되면서 왕실의 보호 속에서 궁중음식과 만나게 되었고, 호국적·귀족적이었던 고려시대를 거쳐 조선시대에 오면서 정치적 탄압에 의해 수난을 맞게 되어 왕실불교에서 민중불교로 전개되었다. 불교가 우리나라에 토착신앙으로 자리매김하면서 불교음식이 민중에게 전래되었다. 불교가 다른 종교와 달리 토속신앙을 배척하지 않고 감싸안았듯이 사찰음식 또한 고유한 한국의 토속음식과 섞여 함께 발전하였다. 따라서 사찰음식은 궁중음식과의 만남을 바탕으로 평민들의 민속음식과 접하면서 좀 더 토속적인 분위기를 갖추게 되었다.

일찍이 절에서는 음식 만드는 일을 수행의 방편으로 생각했고, 음식을 만드는 일에서 먹는 일까지 모두가 마음을 밝게 하는 일이라고 여겼다. 사찰음식을 선식(禪食: 정신을 맑게 하는 음식)이라고 하는 이유도 여기에서 비롯됐다.

불교에서는 일반 식사를 '공양'이라 한다. 원어는 산스크리트어 즉 범어(梵語)인 Pujana로서 불보살에게 음식을 비롯한 향, 꽃, 의약 등을 공급(供給), 공시(供施), 공(供)한다는 뜻으로 자양(資養)한다는 의미이며 공양은 힘들여 농사 지은 농부를 비롯하여 모든 이에게 감사의 뜻을 표해야 한다는 의미이다. 이는 중생의 육신이나 성자의 법신을 각기 존재하는 상태로 양육하여 길이 유지해 나가는 것을 뜻하며 스님의 식사법을 일명 '발우공양'이라 부른다.

여기서 발우는 승려의 밥그릇으로, 네이버 백과사전에 따르면 옛날 부처님께서 가섭이 모시던 용을 밥그릇에 가둬 항복을 받아냈는데, 그 밥그릇에서 유래되었다고 적혀 있다. 또한 항용발(降龍鉢)이라고도 하고 중생의 뜻에 양대로 채우므로 응량기(應量器)라고도 한다. 크기가 다른 4개의 발우가 한 세트로서 작은 그릇이 큰 그릇 속에 차례로 들어간다. 제일 큰 그릇은 밥그릇, 두 번째는 국그릇, 세 번째는 청수그릇이며, 가장 작은 그릇은 찬그릇이다.

발우공양을 할 때 밥그릇은 무릎 왼쪽 바로 앞에 놓으며 국그릇은 오른쪽 앞에 놓는다. 찬그릇은 밥그릇 바로 앞에, 물그릇은 국그릇 바로 앞에 놓는다. 목탁이나 종으로 공양을 알리면 모두 대중방으로 와서 조실이나 주지가 중앙문에 앉고 좌우에 순서대로 가부좌를 한다. 발우를 펼 때는 전발게를 읊고 죽비 소리에 따라 편다. 이어 《소심경》을 외우고 봉발게를 읊는다. 행자가 청수물을 돌리면 큰 그릇에 물을 받아 국그릇, 찬그릇을 헹구고 청수

그릇에 다시 담는다. 밥과 국은 각각 먹을 만큼만 담아, 남거나 모자라지 않게 한다. 공양이 끝나면 밥그릇과 국그릇, 찬그릇을 깨끗이 닦아 원래대로 쌓아놓는다. 발우공양은 소중하고 경건한 마음으로 많은 스님들이 모여 사는 총림에서 여법한 동작과 질서에 따라 진행된다. 이러한 발우공양은 평등사상과 음식물 쓰레기가 나오지 않는다는 점에서 최근 서구에서 각광받고 있을 정도다.

3. 사찰음식의 우수성

최근 동물성 식품의 섭취 증가와 운동량의 부족 등 식생활 습관의 서구화와 더불어 선진 국형 질병이 증가함에 따라 채식 위주의 건강지향형 음식에 더 많은 관심을 가지고 이에 대한 기호성이 높아지고 있다. 이에 따라 채식 위주인 사찰음식이 크게 부각되고 있다.

사찰음식은 첫째, 산채류를 다양하게 활용하는 채식문화로서 육식을 절제하며, 비만, 고혈압, 암 등의 각종 성인병 예방 효과 및 비타민과 무기질의 섭취를 가능하게 해준다.

둘째, 다양한 장류, 튀김류, 부각류 등이 발달하였고, 채소로 맛있는 음식을 만들기 위해 다양한 장류가 발달할 수 있었다.

셋째, 저장음식으로서 장류, 장아찌류에도 초절임, 장절임 등이 발달하였다.

넷째, 다양한 약용식품을 섭생하는 방법이 강구되어 사찰음식은 약용성분을 공급한다.

다섯째, 일반 조미료나 화학 조미료를 대체할 수 있는 천연조미료(버섯이나 다시마, 재피)가 발달하였다.

여섯째, 사찰음식은 음식낭비가 없는 매우 환경친화적인 음식이다.

일곱째, 사찰음식은 섬유소와 양질의 단백질은 많고 지방함량이 낮은 웰빙형 건강음식이다.

4. 사찰음식의 특징

사찰음식은 육류와 오신채(마늘, 파, 달래, 부추, 흥거)를 빼고 산채, 들채, 나물뿌리, 열매, 껍질, 해초류, 곡류만을 가지고 음식을 만들며, 조리방법이 간단하여 주재료의 맛과 향을 살리도록 제한하고 인위적인 조미료를 전혀 사용하지 않은 음식이다.

채식을 기본으로 한 사찰음식은 식물성 기름을 통한 불포화지방산의 섭취, 다양한 채소류로부터 풍부한 비타민, 무기질, 섬유소, 약용성분을 섭취할 수 있는 식단으로 구성되어 있어 성인병을 예방하고 치료하기 위한 건강식이다. 특히 사찰음식은 자기관리의 연장선에서 음식을 통해 건강을 증진시키는 원리를 그대로 담고 있고 또한 음양오행성에 바탕을 두고 있으며, 천연 식재료와 천연 조미료로 요리하기 때문에 음식의 빛깔이 화려하지만 자연식인 청색, 적색, 황색, 흰색, 흑색의 다섯 가지 색(오방색, 五方色)으로 되어 있다. 따라서 사찰음식의 특성은 다음과 같이 정리할 수 있다.

첫째, 육류와 어패류의 식재료를 사용하지 않는다. 이것은 불살생의 계율을 사찰의 식생활에서도 반영한 것이다. 둘째, 오신채를 사용하지 않는다. 이것은 애욕의 발생을 억제하기 위한 것이다. 셋째, 약리작용이 있는 식재료를 사용한다. 이는 소식을 하면서 동시에 그로 인하여 발생할 수 있는 영양부족을 막기 위한 것이다. 넷째, 제철에 나는 식재료를 사용한다. 한국은 사계절이 뚜렷하고 각 계절별로 산과 들에서 채취할 수 있는 식재료가 다양하고 풍부하다. 다섯째, 음식을 섭취하는 것도 수행의 하나로 생각하는데 스님들은 일상생활의 모든 것을 수행과 연결시키고 때문에 사찰에서는 식사 자체를 수행으로 받아들인다. 따라서 사찰음식은 산채를 포함한 매우 다양한 식물성 식품을 음식의 재료로 이용하고 있으며, 콩이나 콩 함유제품도 많이 이용함으로써 부족하기 쉬운 단백질을 효과적으로 섭취하고 있다. 전이나 튀김 등에 식물성 기름을 사용함으로써 에너지의 보충과 함께 동물성 지방의 과다섭취로 인해 발생될 수 있는 콜레스테롤의 과잉증가와 기타 성인병 발병을 저하시킬 수 있다.

5. 사찰음식의 조리

사찰음식에 대한 조리는 수행하는 스님들이 안심하고 깨달음을 향해 노력할 수 있도록 돕는 음식으로 정의하고 있다. 즉 첫째, 음식재료는 국왕의 음식을 다루는 경우와 같다고 생각하고 소중하게 다루어야 한다. 둘째, 《선원청규》에는 쓰고, 시고, 달고, 맵고, 짜고, 싱거운 여섯 가지 맛이 알맞은 상태가 되도록 점검하며, 조리의 전 과정에 있어서 정성을 다하는 마음이 함께해야 여러 가지 맛을 자연스럽게 살릴 수 있다고 하였다. 셋째, 쌀을 씻으면서 내 마음의 묵은 때를 씻고 음식을 먹으면서 조리하는 사람의 고마움을 알고 그릇을 씻으면서 자연의 은혜를 생각해야 한다. 넷째, 쌀 한 톨도 소중히 하며 음식재료의 양에 대해서 많고 적음을 말하지 말며, 질이 좋고 나쁨에 마음이 움직여서는 안 된다고 한다.

따라서 사찰음식은 크게 청정(淸淨), 유연(柔軟), 여법(如法)으로 요약된다. 첫째, 청정함은 제철에 맞추어 깨끗하고 신선한 재료를 사용하며, 육식, 젓갈이나 오신채, 인공조미료나

방부제를 넣지 않은 청정한 채소로 맛깔스러운 맛을 내는 깨끗함을 말한다. 둘째, 유연은 담백함과 부드러움이다. 이는 짜고 맵지 않아야 한다는 것을 의미한다. 자극성 많은 음식은 수행자들의 위장에 부담을 주기 때문에 소화흡수를 극대화하기 위함이다. 셋째, 여법은 음식의 조리법을 동일하게 하는 것을 말한다. 양념을 하더라도 단 것, 짠 것, 식초, 장류 순으로 넣어야 하며 이는 식재료가 가지고 있는 본래의 맛을 최대한 살려내고, 영양은 최대한 골고루 포함되어 있어야 하며, 양념은 적게 쓰면서 채소의 독특한 맛을 살려주어야 한다. 이외에 많은 양을 한꺼번에 만들지 말고 끼니 때마다 준비해야 하며, 반찬개수는 적되 영양은 골고루 포함되어 있어야 하고 양념은 적게 쓰면서 채소의 독특한 맛과 향을 살려주어야 한다는 것이 포함된다.

6. 발효음식

된장, 청국장은 콩 발효식품으로 우수한 영양성분을 포함하고 있는 '완전식품'이라고 할 수 있다.

낫토, 소유, 미소, 나레즈시, 쓰게모노, 시오카라, 쑤푸, 두반장, 굴소스, 피단, 오룽차, 마유주, 남플라, 아차르, 도사, 스자체, 랏시, 난, 리비·잇빠, 키네마 등 각 나라마다 우수한 발효식품들이 있다. 그만큼 우리나라를 비롯해 많은 사람들에게 발효식품은 식생활에서 중요한 위치를 차지한다.

영양은 물론 저장성이 있으며 음식의 맛과 향을 증진시켜 주고, 콩에 함유되어 있는 이소플라본(Isoflavone)은 항암, 골다공증 예방에 탁월하다.

또한 청국장은 탄수화물 위주의 식생활에서 부족하기 쉬운 단백질 공급원의 중요한 역할을 하고, 각종 효소성분이 분해되어 소화력이 높다. 청국장의 고초균은 혈압상승 방지 효과가 있을 뿐만 아니라 여성의 경우 청국장을 많이 복용한 지역은 다리 관절 대퇴골 경부의 골절이 적게 나타난다는 보고도 있다.

현 시대는 너무나 많은 이름 모를 병들이 발병하고 있고, 치료방법을 몰라 죽어가기도 하는데 그 중요한 원인은 옛날과 너무나 달라진 식문화의 변천 때문이라고 할 수 있다. 사람들은 편해질수록 그만큼 불이익이 된다는 것을 모른다. 발효하는 과정은 짧게는 3~5일, 길게는 1년, 3년, 5년을 거쳐야 하기 때문이다. 오랜 기다림으로 얻어지는 값어치, 그것은 우리가 누리는 효능에 비하면 너무나 큰 가치이다.

현재는 어떻게 만들어졌는지, 어떤 첨가물이 들어갔는지 생각하지도 않고 돈만 주면 손쉽게 먹을 수 있는 음식들이 많다 보니, 가볍게 섭취하게 된다. 원인조차 알 수 없는 병들이 생겨나고 치료약도 개발되지 못한 지금 발효식품의 우수성을 알고 인식하여 식문화를 개선해 나간다면 100세 시대의 주인공은 거뜬할 것이다.

오늘날 우리의 건강을 위협하고, 각종 성인병에 맞서 싸우기 위해서라도 발효식품의 섭취는 반드시 필요하다고 하겠다.

3장 김치

　김치란 무·배추·오이 등과 같은 채소를 소금에 절이고 고추·파·마늘·생강 등 여러 가지 양념을 버무려 담근 채소의 발효식품을 말한다. 밥이 주식인 우리의 밥상에서 빠질 수 없는 중요한 음식이다. 곡류가 주식인 밥상문화에서 비타민이나 무기질이 풍부한 채소의 섭취가 필요한데 김치를 먹음으로써 식이섬유, 비타민, 무기질의 급원이 되고 항산화 및 항암성분이 많은 마늘, 고추도 함께 섭취할 수 있다.

　또한 김치는 날씨가 추운 겨울에 대비한 채소의 저장방법으로 건조방법과 함께 채소를 소금에 절이거나 장·초·향신료 등과 섞어서 새로운 맛과 향기를 생성시킨 저장발효음식으로 발달하게 되었다.

1. 김치의 역사

　우리나라 음식은 주식으로 쌀을 사용하여 밥과 국, 발효음식인 김치와 젓갈, 장류를 반찬으로 한 반상차림이며, 음식문화는 식의동원(食醫同源), 약식동원(藥食同源)에 뿌리를 두고 5천 년 동안 발전해 왔다. 김치는 각종 채소를 소금으로 절이고, 고춧가루, 파, 마늘, 생강, 젓갈 등의 양념을 혼합하고 발효시켜 한 차원 더 높아진 감칠맛을 내는데, 여러 가지 재료들의 상승·보완 작용에 의해 보약(補藥)의 기능을 하는 천연조미료를 양념(藥念)이라 한다.

　'김치'라는 명칭은 우리 역사에서 채소를 소금에 절여 담근다는 '침채(沈菜)'에서 비롯되었다. 삼국시대에 이미 지금과 같은 '각종 채소류가 이용되었다'는 기록을 볼 수 있으며, 제철 채소를 장기간 보관하기 위한 수단으로 소금을 이용하였지만, 바닷가에서는 그 이전부터 바닷물의 소금기를 이용하였으므로 이미 그 이전부터 김치류가 있었을 것으로 추정된다. 백제시대의 절임채소(침채)로부터 시작하여 짐채, 짐치가 되고 다시 오늘날 김치로 정착하게 되었다. 묵은지, 신건지, 오이지, 젓국지, 파지, 짠지 등 '지'라는 끝말이 남아 있는데 이것은 '디히'라는 말에서 비롯되었다고 하나, 그 어원은 아직 밝혀지지 않고 있다. '침채'나 '디히'는 다 같이 겨우살이용 채소저장가공식품을 말한다.

오래전부터 채소를 소금, 젓국, 식초 등에 절여 저장하면서 먹었는데 이를 통틀어 김치라고 하며, 현재는 소금에 절인 채소에 고춧가루를 넣어 버무린 김치가 대부분을 차지한다. 김치는 배추나 무 등의 주재료에 사용되는 소금, 첨가되는 부재료, 담그는 과정, 담는 용기, 발효조건 등에 따라 달라지는 발효식품이며 다양한 재료가 서로 혼합되면서 새로운 맛을 만들어낸다. 이런 김치는 우리나라의 전통 채소 발효식품이지만 지역에 따라 생산되고 첨가하는 재료와 만드는 방법이 다르며, 기후가 다르기 때문에 김치의 종류와 맛이 다르게 발달되었다.

2. 김치재료

1) 배추

배추에 풍부하게 들어 있는 비타민, 식이섬유와 무기질 등이 있어 소화도 잘되고 배변이 부드러워 변비예방에 도움이 되며 대장암 예방에도 효과적이며 특히 겨울에 부족되기 쉬운 비타민을 보충해 준다. 배추에 들어 있는 칼슘은 산성을 중화하는 데 도움을 준다.

김장 배추는 수분이 많지 않고 너무 크지 않으면서 묵직한 것이 좋다. 크기는 크거나 작지 않은 중간 크기가 좋고, 2kg 내외의 것이 좋다. 김장김치를 담그는 배추는 가을배추이다. 배추는 푸른 잎이 많고 껍질이 얇으며 잎이 길쭉하지 않고 옆으로 퍼져 단단하게 밀착되어 검은 점이 없어 온전히 있으며 뿌리를 자른 면이 하얀 것이 싱싱하다. 보쌈김치용으로는 푸른 잎이 많은 것이 좋고, 백김치용으로는 잎이 짧고 통통하며 큰 것은 피하는 것이 좋다.

얼갈이는 속이 차기 전에 수확한 여름배추로, 얼갈이라는 명칭은 얼면서 녹으면서 큰다고 해서 붙여졌다는 설과 이른 봄 딱딱하게 언 땅을 대충 갈아 심었다고 해서 얼갈이라 붙여졌다는 말이 전해지고 있다. 봄동은 노지(露地)에서 겨울을 보내어, 속이 들지 못한 봄배추로

잎이 옆으로 퍼진 모양으로, 맛이 달아 봄김치용으로 먹는다.

종류	고르는 방법
배추	• 잎의 두께가 얇고 잎맥이 얇아 부드러운 것 • 속잎을 씹을 때 달고 고소한 맛이 나는 것 • 외관이 뿌리 부위와 줄기 부위의 둘레가 비슷한 장구형인 것 • 속이 연백색을 띠고, 뿌리가 완전히 제거되며, 절단면이 3cm 이하인 것 • 줄기의 흰 부분을 눌렀을 때 단단하고, 수분이 많고 싱싱한 것 • 껍질이 얇고 완전 결구되어 단단한 것 • 각 잎이 중심부로 모이고 잎 끝이 서로 겹치지 않는 것 • 잘랐을 때 속이 꽉 차 있고 심이 적고 결구 내부가 노란색인 것 • 뿌리 부분에 검은 테가 있는 것은 줄기가 썩은 것
봄동	• 떡잎이 적고 깨끗하고 신선한 것 • 색깔이 연한 녹색을 띠고 길이가 일정한 것 • 잎에 반점이 없으며 변색되지 않은 것 • 잎의 하얀 부분이 짧고 선명한 것 • 손바닥 2/3 크기의 것(맛이 좋음)
얼갈이	• 짙은 녹색으로 윤기가 있는 것 • 잎자루의 폭이 좁고 두께가 얇은 것 • 뿌리가 절단되고 흙이나 이물질이 얇은 것 • 대가 연하고 가늘수록 좋고 줄기 부분은 흰색을 띠는 것 • 잎이 너무 길지 않고 연한 것

2) 무

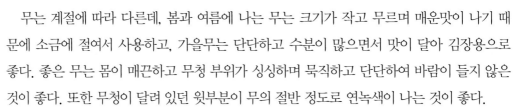

무는 대부분 수분이며, 비타민 C가 많은데 특히 껍질 쪽에 많이 함유되어 있다. 겨울철 채소가 귀했던 시절에 중요한 비타민 C의 공급원으로 꼽혔다. 특히 무 속에 전분 분해효소인 디아스타아제(Diastase)가 함유되어 있어 생식하면 소화를 도와주기 때문에 떡이나 밥을 먹을 때 무와 같이 먹으면 좋다. 예로부터 무는 체내 열을 내리고 가래를 제거하며, 위를 보호하는 기능이 있다고 한다.

무는 계절에 따라 다른데, 봄과 여름에 나는 무는 크기가 작고 무르며 매운맛이 나기 때문에 소금에 절여서 사용하고, 가을무는 단단하고 수분이 많으면서 맛이 달아 김장용으로 좋다. 좋은 무는 몸이 매끈하고 무청 부위가 싱싱하며 묵직하고 단단하여 바람이 들지 않은 것이 좋다. 또한 무청이 달려 있던 윗부분이 무의 절반 정도로 연녹색이 나는 것이 좋다.

종류	고르는 방법
조선무	• 흠이 없으며 몸이 쭉 고르고 고운 것 • 육질이 단단하면서 치밀하고 연한 것 • 매운맛이 적고 감미가 연한 것 • 뿌리 부분이 푸르스름하며 무청이 푸른빛을 띠는 것 • 잘랐을 때 바람이 들지 않는 것 • 속살이 경질화되어 질기고, 검은 심줄이 있는 것은 안 됨
조선무 (동치미무)	• 잎과 뿌리가 적절하게 제거된 것 • 일반 무보다 크기가 작으며, 동그랗게 생긴 것으로 바람이 들지 않고 속이 꽉 찬 것 • 뿌리 부분이 시들지 않고 푸른빛을 띠며 싱싱한 것 • 품종 고유의 모양과 색택이 양호한 것
알타리무	• 무 허리가 잘록한 모양 • 뿌리 쪽이 넓으며 흙이 제거되고 썩은 것이 없는 것 • 연하며 크기가 너무 크지 않고 일정한 것 • 신선한 것으로 심이 없고 바람이 들지 않은 것 • 무 잎에 흠이 없고 깨끗하여 억세지 않은 것 • 섬유질이 질겨 보이거나 크기와 모양이 균일하지 않은 것은 좋지 않음
초롱무	• 뿌리의 흙이 제거되고 썩은 것이 없는 것 • 매운맛이 적고 감미가 있는 것, 흠이 없고 억세지 않은 것 • 뿌리 쪽이 넓고 크기가 균일하며 잎이 싱싱한 것 • 무 허리가 둥근 것
열무	• 뿌리에 흙이 묻어 있는 것이 좋고, 길이가 30cm 내외로 자란 것 • 색이 너무 진하지 않고 뿌리 쪽으로 가면서 통통한 것이 좋다.

3) 고추

고추는 비타민이 많고 무기질 중에는 칼륨(K), 인(P), 칼슘(Ca)도
함유되어 있다. 고추의 매운 성분인 캡사이신(Capsaicin)은 혈전
용해력이 있어 혈관을 확장시켜 주며 혈중콜레스테롤의 수치를
감소시켜 주고 체지방을 줄여 비만의 예방과 치료에 도움이 되며 식욕을 증진시킨다.

고추는 빛깔이 곱고 선명하며 윤기가 있고 두께가 두껍고 씨가 적으며 반으로 잘라보아
곰팡이가 없는 것이 좋다. 태양초는 빛깔이 곱고 선명하며 투명하여 고추씨가 비쳐 보인다.
잘 말린 고추는 씨를 빼고 가루를 내어 사용하는데 고추씨에는 지방성분이 있어 산패하기
때문이다. 그러나 금방 먹는 백김치나 섞박지, 무청김치를 담글 때 고추씨를 조금 넣으면 구
수한 맛이 나서 좋다.

고추의 종류 중 조선고추는 진한 다홍색으로 매운맛이 강하고 독특한 풍미가 있으나 크기가 작고 껍질이 얇아 가루가 많이 나오지 않는다. 홍고추는 매운맛이 적은 대신 단맛과 향기가 좋고 껍질이 두꺼워 수확량이 많다. 영양고추는 길이가 짧고 둥근 편이며 홍고추보다 단맛과 향기가 많으나 매운맛은 적다.

종류	고르는 방법
풋고추	• 꼭지 부분이 마르지 않고 신선하며 꼭지 주변에 병해가 없는 것 • 크기와 모양이 균일하며 짙은 녹색이 선명한 것 • 벌레 먹지 않고 과형이 구부러지지 않고 곧은 것 • 끝이 매끈하며 두꺼우면서도 연한 것 • 1~7월은 매운맛이 강하고, 8~12월 출하품은 매운맛이 약함
홍고추	− 생고추 • 색택이 선홍색으로 선명한 것, 착색과 크기가 균일 • 표피가 두껍고 매끈하여 주름이 없고 통통한 것 • 꼭지가 단단하게 붙어 있으며 꼭지의 신선도가 좋은 것 − 말린 고추 • 색택이 검붉은색으로 선명하고 윤택이 많은 것 • 표피가 두껍고 매끈하며 주름이 없는 것 • 태양초(양건 : 陽乾) : 햇볕에 말린 것, 매운맛이 더하고 빛깔이 좋다. 꼭지는 노란빛을 띠는 게 좋다. • 화건(火乾) : 건조기에 말린 것, 국내시장 물량의 90% 이상을 차지한다. 빛깔이 붉고 광택이 나며 껍질이 두껍고 흔들면 달그닥 소리가 나는 것이 상품이다. 꼭지는 푸른빛을 띤다.

4) 마늘

마늘의 주요 성분은 알리신(Allicin)이라는 화합물로, 살균작용이 강하고, 강력한 항균작용으로 세균의 발육을 억제하며 항산화기능이 있다. 혈액 중의 콜레스테롤을 낮추어줌으로써 혈액순환을 촉진시켜 동맥경화 및 심장병을 억제하는 작용을 한다. 마늘은 품종에 따라 육쪽마늘(소인편종), 여러쪽마늘(다인편종), 장손마늘이 있다.

김치는 육쪽마늘로 담가야 매우면서 단맛이 난다. 김장김치에는 매운맛이 강한 여러쪽마늘을 사용한다. 장아찌를 담글 때에는 장손마늘을 사용한다. 마늘을 고를 때는 손으로 만져보아 단단하고 껍질이 잘 말라 섬유질이 보이며 붉은 기가 돌고 매끈한 것이 좋다. 깐 마늘을 살 경우 알이 단단하고 상처가 없는 것을 고른다.

종류	고르는 방법
깐마늘	• 물에 불려 까지 않은 것(물기가 없는 것) • 싹이 트지 않고 쉰 냄새가 없는 것 • 뿌리 부분은 면적이 좁고 단단한 것 • 모양이 바르며 크기가 균일하고 깨끗한 것 • 썩었거나 변색된 부분이 없는 것, 색깔이 연하고 맑아 보이는 것
통마늘	– 국산마늘 • 색깔이 연하고 알이 비교적 작지만 단단하고 무거움 • 모양이 통통하고 끝부분이 뾰족함 • 대체로 밑의 잔뿌리가 완전히 달림 • 마늘쪽이 대체로 고르지 못함 • 냄새가 강하며 등부분 표면골이 깊음 – 수입마늘 • 굵고 울퉁불퉁하면서 검고 긺

5) 파

파에는 가용성 탄수화물류가 흰 부분에 많이 함유되어 있고 비타민, 칼슘 등이 함유되어 있다. 몸을 따뜻하게 해 열을 내리고 기침이나 담을 없앤다고 해서 감기의 특효 채소로 알려져 있기도 하다. 이러한 효능을 가지는 파의 알리신이라는 성분은 휘발성이므로 물에 담그거나 오래 가열하면 그 효과가 없어진다.

파는 대파와 쪽파로 구분되며 대파의 경우 흰 부분을 먹기 때문에 흰 부분이 굵고 길면서 광택이 있고 매끄러우며 잎이 짧은 것이 좋다. 쪽파의 경우 뿌리의 흰 부분이 둥글고 잎이 짧은 재래종이 좋다. 파김치를 담글 때는 머리 부분이 크지 않고 길이가 짧은 것이 맛이 좋다. 김치에 파를 많이 넣으면 자극이 강하고 쓴맛이 나며 빨리 시어질 수 있으므로 적당히 넣는 것이 좋다.

종류	고르는 방법
깐 대파	• 길이와 굵기가 비슷한 것끼리 선별하여 묶은 것 • 갓 껍질을 까서 누런 변색이 없고 표면이 건조되지 않은 것 • 줄기 부분의 절단면이 깨끗하고, 시든 잎 부분이 깨끗하게 처리된 것 • 뿌리 쪽의 흰 부분이 많고 부드러우며 잎은 싱싱하고 살이 통통한 것 • 2~4월에 가격이 가장 상승함

종류	고르는 방법
안 깐 대파	• 길이와 굵기가 비슷한 것끼리 선별하여 묶은 것 • 줄기가 흰 부분이 많고 깨끗하여 묶음뿌리 부분이 가지런한 것 • 병충해 반점이 없고 꽃대가 올라오지 않은 것 • 뿌리 쪽의 흰 부분이 많고 부드러우며 잎은 싱싱한 것

6) 생강

생강은 특유의 향이 있어 향신료로 이용되고 소화 촉진과 살균 기능을 가지고 있어 약용으로도 많이 이용된다. 특히 몸을 따뜻하게 하는 효과가 있는 것은 생강의 매운 성분인 쇼가올·진저론으로 알려졌다. 또 소화불량이나 목이 칼칼하고 감기 기운이 있을 때도 유익하다.

생강은 고유의 매운맛과 향기가 강하고 쪽이 굵고 고르며 굴곡이 적고 껍질이 얇고 깨끗하며, 마르지 않고 잘랐을 때 섬유질이 많지 않은 것이 좋다. 크기가 큰 수입종보다 작지만 굵기가 굵고 단단한 재래종이 좋다.

종류	고르는 방법
흙 생강	• 색이 선명하고 표면이 고르고 매끈하며 단단하고 곧은 것 • 머리 부분에 검은 테두리가 적으며, 가운데 심이 없는 것 • 선홍색으로 착색이 뛰어나며, 꼬리 부위가 통통한 것
깐 생강	• 겉에 물기가 없고 미끈거리지 않는 것

7) 양파

양파는 단맛과 함께 특유의 향과 질감을 가지고 있어 날것으로도 많이 이용하지만 탄수화물류인 포도당과 설탕의 함량이 다른 채소에 비해 높으므로 익히면 쉽게 캐러멜화되어 갈색으로 변한다. 양파에 함유된 황화합물은 자르고 썰 때 매운 성분이 되어 눈과 코를 자극하므로 냉장고에 보관하거나 찬물에 담갔다가 조리하는 것이 좋다.

종류	고르는 방법
깐 양파	• 표면에 광택이 있고 육질이 단단한 것 • 윗부분의 색깔이 연한 녹색은 좋지 않음 • 조직이 연하고 가벼운 것은 좋지 않음 • 햇양파는 물러서 국용으로 쓰며 퍼지고 형태가 거의 없어짐
안 깐 양파	• 크기와 모양이 고르고, 깨끗해 보이는 것 • 봄철에 싹이 보이지 않고, 육질이 물렁하지 않은 것 • 표면에 광택이 있고 육질이 단단한 것 • 세로줄이 희미하고 간격이 넓은 것 • 껍질이 적황색으로 크기와 모양이 균일한 것 • 수입양파는 파란 부분이 많고 매운맛이 강한 특징이 있음

8) 부추

부추는 베타카로틴의 함량이 많은 채소로 반향성분인 알릴설파이드(allylsulfide)는 위나 장을 자극하여 소화효소의 분비를 촉진하여 소화를 돕고 살균작용을 한다.

부추잎은 색깔이 선명하여 짙은 녹색을 띠고 곧게 쭉 뻗은 것을 고른다. 잎이 어리고 뿌리 쪽의 흰색 줄기 부분이 많을수록 맛이 좋다.

9) 갓

갓은 색에 따라 푸른 갓과 붉은 갓으로 나뉜다. 색이 진할수록 냄새가 강하다. 갓은 줄기가 연하고 잎이 부드러우며 윤기가 나고 싱싱한 것이 좋다. 붉은 갓은 배추김치나 깍두기 등에 주로 사용하고, 푸른 갓은 동치미나 백김치에 넣어 시원함과 청량감을 준다. 그러나 동치미 국물에 붉은색을 내기 위해 붉은 갓을 쓰기도 한다. 줄기가 억세고 큰 것은 김치 덮개로 쓰면 김치가 싱싱하고 맛이 시원해진다.

돌산 갓은 일반 갓에 비해 줄기가 넓으면서 겉에 가시가 없다. 김치를 담그면 익었을 때 톡 쏘면서 시원한 맛을 내는 것이 특징이다. 돌산 갓은 주로 여수에서 많이 난다.

10) 미나리

미나리는 특유의 향이 나고 달면서 맵다. 성질은 냉하며 비타민, 무기질, 섬유질이 풍부하다. 길이가 길고 줄기가 통통하며 윤기가 돌고 잎이 많은 것이 연하고 향기도 좋다.

11) 청각

청각은 김치의 탄산미를 내어 시원하게 하고 찡한 맛을 내며 향기가 좋다. 주로 동치미와 백김치에 넣는데 마른 것, 불린 것, 생것이 있다. 마른 것은 푸른빛이 많은 것으로 돌이나 티 없이 깨끗이 말려진 것, 생것은 검은 녹색 빛을 띠고 가지가 통통하며 탄력성이 있고 윤기가 나는 것이 좋다.

12) 소금

소금의 생산방법에 따라 염분의 농도가 다른데, 배추를 절일 때는 굵은소금인 천일염을 사용한다. 전체적으로 하얗고 이물질이 없으며 알갱이가 고른 것이 좋다. 김치의 간을 할 때는 재제염인 꽃소금을 사용한다. 어느 소금이건 수분 없이 건조한 것이 좋고 간수(염화마그네슘)가 빠진 것을 써야 배추가 무르지 않고 아삭하다.

13) 찹쌀풀 · 밀가루풀

김치의 단맛을 내는 주재료이며 주재료인 고춧가루와 잘 어우러지도록 도와주는 역할을 한다. 겨울철에는 주로 찹쌀풀을 사용하는데 찹쌀풀을 넣으면 김치에 감칠맛이 돌아 김치 맛을 더욱 좋게 한다. 여름철에는 밀가루풀을 사용하여 재료의 풋맛을 순화시킨다.

14) 젓갈

젓갈은 각종 어패류를 소금에 절인 동물성 식품으로 김치에 단백질과 지방을 공급하여 깊은 맛이 나게 한다.

(1) 새우젓

5월에 담그면 '오젓', 가을에 담그면 '추젓', 겨울에 담그면 '동백하젓'이라 부르는데 김장용으로는 새우의 형태가 변하지 않고 살이 통통하고 굵은 육젓이 가장 좋다. 가장 많이 사용하는 방법은 새우젓을 끓이지 않고 생것으로 이용하는 것으로 지방이 적어 담백한 맛을 낸다. 김치 담글 때 새우젓은 붉은색을 띠고 살은 탄력 있는 것이 좋다.

(2) 멸치젓

봄에 담근 것을 '춘젓', 가을에 담근 것을 '추젓'이라 하는데 춘젓이 추젓에 비해 맛과 품질이 우수하다. 멸치젓은 비늘이 적고 알을 배서 뼈가 만져지지 않을 정도로 푹 곰삭고 비린내나 기름기가 없는 것이 좋다. 멸치가 너무 큰 것은 좋지 않고 젓국에 비린내가 남아 있으면 숙성이 불충분한 것이다. 웃물에 기름기가 남아 있으면 기름이 산패하여 떫은맛이 난다. 일반적으로 한번 푹 끓여서 고운체에 밭쳐 국물만 쓰는데, 오랫동안 김치를 먹으려면 끓이지 않고 생젓을 이용한다.

(3) 조기젓

눈이 들어가지 않고 비늘에 윤기가 있으며 아가미는 붉고 선명하며 살에 탄력성이 있는 것을 고른다. 조기젓은 젓국이 맑고 표면이 약간 누른빛이 나는 은빛을 띤다.

(4) 황석어젓

황석어젓은 노란 기름이 뜨고 속이 노르스름한 것이 좋으며 국물이 적고 꼬들꼬들한 것이 좋다. 속이 시커먼 것은 물을 탄 것이므로 주의한다.

3. 김치 담그기

저장발효음식이 발달한 우리의 음식문화에서 장 담그기와 김장은 연중 2대 행사라 할 정도로 중요하고 큰 행사였다. 장 담그기가 일 년의 기본양념을 준비하는 일이라 하면 김장은 채소가 나지 않는 한겨울을 건강하게 나기 위한 중요한 먹거리를 준비하는 일이었다.

김장 담그는 시기는 지역마다 조금씩 차이가 나는데 입동을 사이에 두고 산간지역에서는 1주일 전에 하고 서울 내륙에서는 1주일쯤 후에 하며, 대체로 북쪽 지역에서는 11월 중순에 시작하고, 남부지방은 12월 중순까지 김장을 하는데 그해의 기온에 따라 조금씩 다를 수 있다. 김장을 담글 때에도 설 명절을 기준으로 설날까지 먹는 김치는 양념류를 넉넉히 넣고 간을 알맞게 담고, 명절 이후 봄철까지 묵은지로 먹을 김치는 양념류를 줄이고 간을 좀 더 짭짤하게 담가야 빨리 시지 않아 먹기에 좋다. 김치는 담그는 재료에 따라 다양한 방법이 있으나 대체적으로 재료의 손질과 세척→절이기→속재료 준비하기→버무리기→숙성시키기 순으로 진행된다.

1) 재료의 손질과 세척

배추는 겉에 누런 잎은 떼어내고 반으로 잘라서 씻지 않고 절인다. 반으로 자르고도 크기가 큰 경우 뿌리 쪽과 함께 절여 4등분이 되도록 한다. 무는 무청이 달려 있던 곳은 자르고 잔털은 잘라낸 뒤 깨끗이 씻는다. 파, 마늘, 생강, 갓 등 기타의 재료는 깨끗이 씻어서 준비한다.

2) 절이기

배추를 소금에 절이는데 이는 삼투압작용으로 소금 농도가 낮은 배추의 수분이 밖으로 용출되고 적당히 간이 들게 하여 수분을 빼고 숨을 죽여서 부드럽게 만들어 부재료와 잘 섞이게 하기 위함이다.

절이는 방법은 크게 두 가지가 있는데 배추 사이사이에 소금을 뿌려서 절이는 마른 소금법의 경우 소금양은 배추무게의 10~15% 정도를 사용한다. 또한 소금물에 담가 눌러서 절이는 염수법의 경우 10~13%의 소금물에 절인다.

배추의 크기와 두께에 따라 소금 양에도 차이가 있다. 김치가 완성되었을 때 소금의 농도는 2~3%가 적당하다. 보통 가정에서는 마른 소금법과 염수법을 혼용해서 절인다. 소금은 간수를 뺀 천일염으로 사용하는 것이 좋다. 절이기가 끝난 배추는 2~3회 깨끗이 씻은 뒤 엎어서 쌓아올려 물기를 완전히 뺀다.

3) 소 넣기(속 채우기)

소의 배합은 개인의 기호나 지방별 식재료에 따라 다양하게 만들 수 있다. 무는 채 썰고 파, 갓 등은 적당한 길이로 자르고, 마늘과 생강은 빻거나 갈아서 넣는다. 지역에 따라 풀을 쑤어 양념을 만들기도 하며 특히 젓갈의 이용에 따라 다양한 맛의 김치를 만들 수 있다.

4) 숙성

김치의 숙성은 보관온도와 식염농도에 따라 다르고 부재료의 종류나 배합비율에 따라서도 다르다. 숙성온도가 낮을수록, 식염농도가 높을수록 숙성기간이 오래 걸리는데 온도의 영향을 더 받으며 4~5℃ 전후인 때의 김치 맛이 가장 좋다.

5) 저장과 보관법

● 신선한 김치 맛을 오래도록 유지하려면 무엇보다 저온에서 보관해야 한다. 김치가 가장 맛있게 익기 위한 저장과 보관의 적정온도는 5~10℃이다.

● 보관용기에 김치를 넣고 나면 손으로 꼭꼭 눌러 중간에 들어 있는 공기를 빼주고, 절인 우거지나 비닐을 덮어 공기와의 접촉을 차단한다.

● 김치는 큰 용기보다는 작은 용기에 나누어 담는 것이 좋다. 많은 양을 한꺼번에 넣어두면 꺼낼 때마다 김치와 공기가 접해서 빨리 시어버리기 때문이다.

● 김치가 시는 것은 김치 내의 산도(酸度)가 낮아지는 것이므로, 달걀껍질 같은 알칼리성 재료를 이용하여 시어지는 것을 방지할 수 있다. 깨끗이 씻은 달걀껍질을 면포에 싸서 김치 포기 사이에 간간이 넣어두면 김치의 익는 속도도 늦추고 신맛도 줄일 수 있다.

4. 김치의 효능

김치는 주재료인 배추와 무 등의 식물성 식품과 동물성 식품인 젓갈을 사용하며, 양념으로 마른 고추, 홍고추, 고춧가루, 찹쌀풀(죽), 마늘, 생강 및 기타 해산물 등의 부재료를 섞는다. 채소는 비타민, 무기질의 공급원이며, 식이섬유를 함유하고 있어 생리적 활성을 띠는 기능성 성분인 파이토케미컬을 갖고 있다. 젓갈에는 불포화지방산인 DNA가 들어 있어 두뇌발달에 도움을 준다. 고추와 마늘은 김치를 발효시키는 유산균의 번식을 돕고, 식이섬유가 많은 김치는 발효를 통해 맛과 향미, 조직감이 증진된다.

고추는 비타민 C가 매우 많고, 매운맛 성분인 캡사이신과 비타민 E는 비타민 C의 산화를 지연시켜 주는 작용을 한다. 긴 겨울 동안 부족하기 쉬운 비타민 C는 김치를 통하여 섭취할 수 있으며, 캡사이신은 젓갈의 지방이 산패하여 비린내가 나는 것을 막아준다.

재료 자체의 영양적 우수성 외에도 발효과정 중에 생산되는 유산균은 대장의 정장작용을 하는 유익한 미생물로 프로바이오틱스라고도 하는데, 부패성 세균이나 식중독균 등의 병원균이 잘 자라지 못하게 하므로 식품의 저장성을 증진시키며 안정성을 확보하는 역할을 한다. 김치는 발효과정을 통해 독성물질 파괴, 소화성 증진효과, 필수 비타민이 생성되어 영양학적으로 가치가 높아진다.

1) 종합영양식품

식이섬유가 풍부한 채소는 베타카로틴, 비타민 B군, 비타민 C 등을 공급하며, 발효과정에서 인체의 생리기능 활성화에 도움을 주는 유용한 미생물, 단백질 및 무기질 등의 영양성분이 들어 있는 종합영양식품이다.

2) 면역력 증강의 건강 기능성

김치는 채소가 주재료로 사용된 저칼로리 식품으로 식이섬유를 많이 함유하고 있어 장의 활동을 활성화하면서, 체내의 당류나 콜레스테롤 수치를 낮춰주므로 당뇨병, 심장질환, 비만 등의 성인병 예방 및 치료에도 도움을 준다.

3) 유산균의 정장작용

김치를 제조하여 공기를 빼서 용기에 담으면 Leuconostoc mesenteroides가 자라면서 이산화탄소가 발생하여 혐기적인 조건으로 만든다. 이후에는 바실루스에 속하는 유산균들이 생장하며 당을 이용하여 유기산을 만들면서 산도를 증가시키고 유산균의 증식을 도와준다.

4장 장아찌

1. 장아찌의 가장 큰 특징은 발효

한 민족의 식생활은 기호나 풍토 등의 자연환경과 사회환경 속에서 오랜 기간에 걸쳐 형성되는 하나의 식문화이다. 벼농사가 도입되고 삼국시대 말기에 이르면서 우리나라는 곡물로 지은 밥을 주식으로, 기타 식품을 반찬이라 하여 주식과 부식으로 구별하게 되었다. 그 후 우리의 식생활은 조선시대 중엽 이후에 발달한 김장문화와 함께 밥, 국, 김치로 이어지는 기본 식단을 체계화하기에 이른다.

한국 음식의 특징은 발효에 있다. 김치나 된장, 젓갈은 만든다고 하지 않고 '담근다'고 하는데, 이 말에는 '삭힌다', '익힌다'는 뜻이 포함되어 있다. 기본적으로 발효식품은 농산물이 미생물의 효소 활성에 의해 원료보다 더 바람직한 식품으로 전환된 것이라 할 수 있다. 미생물의 종류나 식재료에 따라 다양한 발효식품이 만들어지는데, 이 과정에서 영양이 상승되고 기호성과 저장성이 우수해져 원재료보다 더 나은 식품이 된다. 미곡을 중시하여 곡물 생산량이 증가하면서 비축까지 하게 되었고, 장(장류, 젓갈)·김치·절임·술 등을 발효하는 기술이 정착되면서 발효가 상비관습(常備慣褶)으로 한국인의 식생활에 뿌리내리게 되었다.

〈한국의 발효음식은 슬로푸드의 표본〉

"현대는 제3의 맛 시대다." 미래학자 앨빈 토플러(Alvin Toffler, 1928~2016)의 지적이다. 제1의 맛이 기본인 소금 맛이고, 제2의 맛이 온갖 양념을 첨가해서 내는 맛이라면 제3의 맛은 식품 자체에서 우러나오는 발효의 맛이다. 한마디로 세상은 점점 제3의 맛 시대로 옮겨가고 있다는 것이다. '곰삭은 맛'을 내는 발효식품으로 세계 음식의 패턴이 변할 것임을 간파한 것이다.

건강에 관심이 집중되면서 패스트푸드의 병폐에 맞서 '느림의 미학'을 모토로 내건 '슬로푸드(Slow Food)'가 인기를 끌고 있다. 이와 함께 발효과정을 거치는 우리의 전통음식에 대한 관심도 자연스럽게 높아지고 있다. 그런 면에서 장아찌는 독특한 미각으로 우리의 식문화를 대표하는 음식으로 자리 잡았다고 할 수 있다.

그런가 하면 레비 스트로스(Levi Strauss, 1908~2009)는 동양 3국의 음식의 특징을 예리하게 보고 있다. 중국 음식이 '불'의 맛이라면 일본 음식은 '칼'의 맛이고, 한국 음식은 '발효'의 맛으로, '음식 3각도'의 꼭짓점에 놓인 것이 발효, 즉 곰삭힘이라 했다. 날로 먹는 자연의 맛이나 익혀서 먹는 문명의 맛에서는 찾아볼 수 없는 제3의 맛인 곰삭은 발효미는 삭힘의 절대 시간이 필요하다. 그런 만큼 한국의 전통음식은 기다림의 맛이요, 시간의 맛이라고 할 수 있다. 한국 발효음식의 대표주자인 김치를 선두로 간장, 고추장, 된장과 같은 장류, 젓갈류, 식초류, 장아찌에 이르기까지 우리나라를 대표하는 음식은 모두 발효식품이다. 그런 의미에서 한국은 실로 발효식품의 왕국이라 할 수 있으며, 우리 음식이 미래의 건강식품으로 인정받기 시작한 것 또한 결코 우연이 아닐 것이다.

《성호사설》 5권에는 "고려의 생채는 맛이 매우 좋고, 버섯의 향이 뒷산을 넘는다"라고 기술되어 있다. 산 좋고 물 좋고 우리나라에서 재배된 채소는 향이 뛰어나고 맛이 좋아 쌈채소로 먹기에 적합하다. 채소쌈은 우리나라만의 독특한 음식문화 가운데 하나로, 그 배경에는 훌륭한 '장'문화가 뒷받침되어 있다. 바로 이 맛깔스러운 장문화 덕분에 다양한 장아찌가 발달할 수 있었다고 볼 수 있다.

2. 장아찌란?

장아찌는 절임류로 간장이나 고추장, 된장, 소금, 식초, 젓갈, 술지게미 등을 이용한 저장식품이다. 식탁에 자주 오르는 친근한 반찬으로, 철마다 담그는 종류가 다르다. 장아찌를 한자로는 장과(醬瓜)라고 한다. 장아찌라는 말 자체도 장을 의미하는 '장아'와 무언가에 짜게 절인 채소를 의미한다는 뜻의 '디히' 또는 '찌'가 결합해서 만들어진 단어다. 장아찌는 보통 제철에 나는 흔한 채소를 소금에 절이거나 꾸덕꾸덕하게 말려 간장이나 고추장, 된장, 식초 등에 넣어 오랫동안 저장해 두었다가 먹는 것이다. 짧게는 몇 주에서 길게는 해를 바꾸어 저장하는 우리 고유의 저장식품으로 1년 정도 지나야 제대로 된 맛이 나기 때문에 민간에서는 미리미리 비축해 두었다. 특히 우리나라는 사계절의 구분이 뚜렷하고 지역적·풍토적 다양성을 갖춘 덕분에 저장식품이 발달했다. 그중 하나가 장아찌로, 채소가 자랄 수 없는 겨울철에 채소를 먹기 위한 방편이었다. 이렇게 철따라 나오는 여러 가지 채소를 장아찌로 만들어 저장해 두고 식탁에 채소가 부족해지지 않도록 대비한 것이다. 기온의 차이가 심하고 제철에 생산되는 산물이 다른 자연환경에서 채소를 꾸준히 섭취할 수 있는 방법을 찾은 조상들의 지혜였다.

장아찌의 가장 큰 장점은 원재료의 맛을 가장 잘 지키면서 익히지 않고 먹을 수 있도록 배려한 음식이라는 데 있다. 특히 장 속에서는 부패균이 번식하지 않는 데다 숙성과정에서 장 성분이 채소와 함께 숙성되기 때문에 독특한 맛이 난다. 그중에서도 초에 절인 장아찌는 살균력이 강해 소금의 농도가 낮아도 방부작용을 하고, 식욕도 증진시켜 준다.

최근에는 계절에 상관없이 신선한 채소를 먹을 수 있고 음식에 대한 기호가 변해서 장아찌에 대한 기호와 관심이 낮아진 것이 사실이다. 그러나 아직도 장아찌는 잃어버린 입맛을 찾아주고 되살려주는 개운한 맛을 가진 우리 전통음식으로서의 역할을 톡톡히 해내고 있다.

3. 장아찌의 역사와 유래

원시시대부터 어떤 음식을 먹느냐가 그 사람의 신분을 확인시켜 주는 역할을 했다. 전통적인 요리법은 지역적·국가적·종교적 특성을 지니고 있음은 물론이고, 그 집단이 일반적으로 좋아하는 먹거리나 식품, 향신료와도 깊은 관계를 맺고 있다. 사람들은 주변에서 쉽게 구할 수 있는 식품을 주로 먹고 또 자주 먹는데, 이 과정에서 그 식품에 친근감을 갖게 된다. 그 지역의 특산물을 주로 먹어 왔기 때문에 특정 식품을 좋아하는 경우도 있다. 어떤 식품을 좋아하는가를 구분하는 지역적인 경계가 사투리를 구분하는 경계와 일치한다는 사실도 매우 흥미롭다.

삼국시대에 이르러 철기문화의 발달로 철제 농기구가 보급되고, 소를 이용하여 땅을 갈게 되고, 수리 공사를 통해 저수지를 만들어 관개농경을 하게 되면서 농산물의 생산량이 늘어났다. 그 결과 밥이 주식이 되고 자연스럽게 반찬이 필요해졌는데 반찬은 곡물 이외의 식품으로 만들었다. 콩으로 담근 장, 고기나 어패류로 만든 포(脯)와 젓갈, 채소로 만든 절임(김치) 등을 비롯한 여러 가지 음식은 단백질과 무기질의 공급원으로, 영양의 균형을 이루기에 적합하다. 그 결과 밥은 주식, 반찬은 부식이라는 개념이 생겨 장이나 젓갈, 김치, 포 등을 언제나 먹을 수 있는 밑반찬으로 구성하는 상차림이 식사의 기본으로 정립되었다.

삼국시대에는 죽순이나 가지, 박, 무 등을 이용해 소금 절임을 하거나 소금+식초 절임을 하거나 장절임을 하거나 소금+술지게미 절임을 하거나 소금+누룩 절임을 했는데, 이것이 오늘날의 장아찌라고 보면 된다.

고대로부터 전해오는 장아찌는 그 재료가 매우 많고 방법 또한 다양하다. 알려진 것만 해도 200종이 넘는데, 먹을 것이 부족했던 과거에 먹을 수 있을 것 같은 식물은 무조건 저장해 먹던 까닭도 있다.

《삼국지위지동이전(三國志魏志東夷傳)》에는 고구려 사람들을 '선장양(善藏釀)'이라 하여 장이나 젓갈, 김치 계통의 것을 잘 만들어 먹는 사람이라고 해놓았다. 고구려 안악고분벽화에는 우물가 장독대의 음식을 독에 담는 듯한 모습이 그려져 있다. 이로 미루어보아 그 안에는 장류나 김치, 장아찌 등의 발효식품이 들어 있을 것으로 추측된다. 《목은집(牧隱集)》에는 김치와 우리말 한자 표기인 '침채(沈菜)'가 나온다. '산개염채(山芥鹽菜)', '장과(藏瓜, 된장에 담근 오이장아찌)' 등 장아찌가 처음으로 문헌에 등장하기도 한다.

장아찌에 대한 최초의 기록은 고려시대 중엽 이규보가 쓴 《동국이상국집(東國李相國集)》의 〈가포육영〉이다. "좋은 장을 얻어 무를 재우니 여름철에 좋고, 소금에 절여 겨울철에 대비한다"라고 하여 구체적으로 장아찌에 대한 내용을 언급하고 있다. 정약용이 쓴 《아언각비(雅言覺非)》(1819년)에는 '제채(虀菜)'라는 표현이 나오는데, 제(虀)는 온(蒕)의 일종으로 가늘게 썬 것을 초와 장에 섞어 생강과 마늘을 가늘게 썰어 양념을 넣고 버무린 것이라 되어 있다가 나중에는 김치 종류로 기록되어 있다.

《임원십육지(林園十六志)》(1827년)에서는 김치 무리를 엄장채(醃醬菜), 제채(虀菜), 자채(鮓菜), 저채(菹菜) 등으로 분류해 놓았는데, 이것을 현대에는 소금절이 김치, 초절이 김치, 장아찌, 식해형 김치 등으로 부른다.

《농가월령가(農家月令歌)》(1861)의 7월령에 보면 "채소와 고실이 흔할 적에 저축 많이 하소. 박·호박고지 켜고, 외·가지 짜게 절여 겨울에 먹어 보소"라 했고, 9월령에서는 "황계백숙 부족할까, 새우젓 계란 찌개 상찬으로 차려 놓고 배추국무나물에 고추잎장아찌라"고 하였다. 이로 미루어보아 당시에 장아찌가 필수 음식이고, 입맛 돋우는 기호식품이었음을 알 수 있다.

조선시대 조리서에 나타난 장아찌

시대	조리서	장아찌 이름	주재료	양념·젓갈
조선전기	수운잡방 1481~1552	조가지저	가지, 소금	백두옹(할미꽃)
		가지즙저	가지, 즙장	
		가지즙저	가지, 감장 또는 말장	
		오이즙저	오이, 감장 또는 말장	
		동아개채	동아, 소금, 장기름, 겨잣가루	
		무개채	무, 소금, 장기름, 겨잣가루	
		모점이법	가지, 장	기름, 식초, 마늘
	음식디미방 1598~1680	항과저	노장대과, 간장	생강, 마늘, 향수유, 호소
		동아 담그는 법	동아, 소금	
		고사리 담그는 법	고사리, 소금	
조선중기	증보산림경제 1766	마늘 담그는법	마늘, 소금	천초
		죽순초	죽순, 소금	생강, 파, 메줏가루, 천도
		부들순해	부들순, 멥쌀밥, 소금	
		연뿌리초	연뿌리, 소금	파, 생강, 홍국, 엿기름, 기름, 굴피
		오이산	어린 오이를 찐 마늘과 소금에 절인다.	
		가지산	가는 가지를 찐 마늘과 소금에 절인다.	
		동아산	동아를 찐 마늘과 소금에 절인다.	
		숭개	배추를 겨자즙, 식초, 간장을 섞은 것에 절인다.	
		개말가	가지를 겨자즙, 식초, 간장을 섞은 것에 절인다.	
조선후기	규합총서 1809	황과개	오이를 겨자즙, 식초, 간장을 섞은 것에 절인다.	
		장가	장황과	가지, 오이, 자총 등을 전처리하여 장에 절인다.
		조가	조황과	가지, 오이 등을 전처리하여 소금과 술지게미를 섞은 것에 절인다.
		조산	조강	마늘, 생강 등을 전처리하여 소금과 술지게미를 섞은 것에 절인다.
		부추 절임	부추를 소금에 짜게 절인다.	

대부분의 채소와 덜 익은 과일은 장아찌의 재료가 될 수 있는데, 그 종류만 해도 70~80여 종으로 현재 우리가 먹는 장아찌는 거의 1900년대 말에 만들어 먹던 것들로 볼 수 있다.

현재는 장아찌와 김치가 완전히 분리되어 있지만 조선전기에 나온 조리서만 봐도 장아찌가 김치(菹)에 포함되어 있다. '해(醢)'는 양념에 버무려 익힌 '지'를 말하는 것으로 어해(魚醢), 저해(菹醢)의 뜻을 가지고 있다. '저(菹)'에 대하여 《임원십육지》에서는 "저는 생채소를 소금에 절여 차가운 곳에 두어 익힌 것, 즉 저(菹)란 한번 익혀 먹는 침채류다"라고 정의하고 있다.

상고시대의 김치는 해로 시작되어 신라와 고려를 거치는 과정에서 해형(醢型)김치가 침채형(沈菜型)과 해형(醢型)으로 나뉘어 발달했다. 그것이 다시 여러 갈래로 분화되고 발달하여 오늘날의 형태로 다양해지면서 고대의 해형(醢型)김치가 장아찌가 되었는데, 조선후기 《규합총서(閨閤叢書)》까지 그대로 '저(菹)'로 표기되어 있다. 김치의 종류도 장아찌형이 가장 많고 다음이 짠지형이다.

4. 장아찌 맛있게 담그는 방법

장아찌를 담그기 전에는 재료를 충분히 씻어야 보관할 때 유해균이 번식하는 것을 막을 수 있다. 또 장아찌를 담글 재료는 일단 절이거나 말려서 수분 함량을 줄이는 것이 중요하다. 수분이 없어야 곰팡이가 피어 맛이 변질되는 것을 막을 수 있기 때문이다. 그런 만큼 장아찌 만들기는 재료를 손질하여 물기를 거두는 것에서 시작된다. 재료에 따라 수분함량이 적은 것은 담그기 전에 전처리를 하지 않고 그대로 장이나 초에 절이기도 한다. 맛이 밴 뒤에 꺼내서 양념하여 저장식품으로 이용하면 된다.

간장장아찌를 담그려면 간장에 식초, 설탕, 생강, 마늘, 마른 고추, 물엿 등을 넣고 일단 끓여서 식힌 뒤에 부어야 맛있다. 재료를 용기에 차곡차곡 담은 뒤 무거운 것으로 누르고 달인 조림장을 부어 공기 중에 내용물이 노출되지 않도록 해야 한다. 장물에 담기지 않은 부분에는 하얀 곰팡이가 끼는데, 이렇게 되면 장아찌의 맛이 떨어진다.

장아찌는 생채소를 장에 그대로 절이기 때문에 가열로 인해 비타민이 손실되는 것을 막을 수 있다. 더구나 생으로 먹을 때보다 장아찌로 담가 먹으면 비타민 B 함량이 증가하기도 한다. 문제는 장에 담가 숙성하여 먹는 만큼 맛이 짜다는 것이다. 그러므로 먹을 만큼만 꺼내어 삼삼하게 양념해 먹는 것이 좋다. 특히 간장이나 젓국으로만 담글 경우 염도가 지나치게 높아지는데, 다시마 육수를 내어 섞으면 맛도 좋아지고 영양도 보충되면서 짠맛도 조절할 수 있다.

- 장아찌의 기본양념은 소금, 간장, 된장, 고추장으로 한다.
- 장아찌의 재료는 뿌리채소, 줄기채소, 잎채소, 열매 등으로 다양하다.
- 장아찌의 기본은 재료의 물기를 제거하는 것이다. 소금에 절여 건져서 꾸덕꾸덕하게 말려서 담가야 변질되지 않는다.
- 달임장(장물)은 간장과 식초, 설탕을 팔팔 끓여 만든다. 세 가지 모두 미생물이 번식하는 것을 막아주는 효과가 있어 저장 장아찌를 담그기에 좋다.
- 채소를 데칠 때는 끓는 물에 소금을 조금 넣고 데쳐서 바로 찬물에 헹군다.
- 달임장에 넣어 맛이 들면 물기를 제거하고 고추장이나 된장 밑에 넣어 숙성시키면서 또 다른 맛의 장아찌를 맛볼 수 있다(무간장·고추장·된장 장아찌, 오이간장).
- 고추장이나 된장 장아찌는 위에 고추장이나 된장을 넉넉히 덮어준다. 고추장이나 된장 장아찌는 맛이 배는 데 시간이 걸린다.
- 장물을 서너 번 끓여 부어야 변질되지 않는다. 다시 끓일 때는 물을 좀 더 첨가한다.
- 설탕 대신 꿀이나 매실청을 넣으면 감칠맛이 더해진다.
- 채소를 먹기 좋은 크기로 썰어 담그면 단시간에 맛이 들지만 색깔이 검어지고 짤 염려가 있으므로 조금 싱겁게 담가야 한다.
- 잎이 질기거나 쓴맛이 강한 것은 소금물에 담가 삭힌 뒤에 담근다.
- 묵나물을 이용하면 제철이 아니어도 장아찌를 쉽게 담글 수 있다.
- 채소는 물기 없이 꾸덕꾸덕하게 말려서 담가야 변질되지 않는다.
- 잎이 질긴 장아찌는 먹기 전에 양념을 하여 밥 위에 찌거나 중탕을 하면 짠맛이 줄어들고 부드러워져 먹기 좋다(취잎, 뽕잎, 콩잎 등).
- 오이를 제외한 채소는 달임장이나 소금물이 뜨거울 때 부으면 재료가 익어서 물컹해지므로 반드시 식혀서 부어야 한다.
- 메밀묵이나 청포도묵은 말려서 써야 오돌오돌 씹히는 맛이 살아난다.
- 고추는 통째로 담그면 먹을 때 물이 튀고 장이 속까지 배지 않으므로 이쑤시개나 바늘로 서너 군데 정도 찌른 뒤에 담근다.
- 내용물이 달임장 밖으로 나와 공기와 접촉하면 하얀 곰팡이가 껴서 장이 급격히 변질

되므로 장아찌 위에 무거운 것을 올려놓아 재료가 국물에 잠기게 한다.

- 용기는 폭이 넓은 것보다 깊이가 깊은 병을 이용해야 달임장이 적게 든다.
- 피클 담을 용기는 반드시 끓는 물에 소독해서 이용하고, 뚜껑은 찜통에 병을 앉힌 뒤 병 위에 뚜껑을 올려놓은 상태로 5분 정도 두었다가 이용한다.

〈장아찌 맛있게 무치는 법〉

- 양념은 가능하면 자제한다. 깔끔한 맛을 내기 위해서는 양념을 적게 쓰고 재료의 맛을 살린다.
- 무칠 때는 양념을 미리 섞어 놓았다가 버무린다.
- 한 끼 먹을 만큼만 덜어서 양념한다. 많이 꺼내놓으면 색깔이 검게 변하고, 무쳐놓으면 맛이 떨어진다.
- 더덕·두릅·쑥·엄나무·취·마늘·양파·매실의 독특한 향미를 즐기려면 참기름을 넣지 않고 통깨만 뿌려서 그대로 먹는다.

〈장아찌의 기본 양념〉

- 간장장아찌(오이·무·고추·깻잎 등)는 간장과 식초의 비율이 적당해야 맛있는 장아찌가 된다. 간장 : 식초 : 물 : 설탕의 비율은 2 : 1 : 1 : 1이다. 맛이 배면 냉장고에 보관해 두고 조금씩 덜어 먹는다.
- 재료의 향이 강한 채소는 간장 : 식초 : 물 : 설탕의 비율을 2 : 2 : 2 : 1로 한다.
- 맛이 담백한 채소는 간장 : 물 : 설탕의 비율을 1 : 2 : 1로 한다.
- 현미식초는 산도가 낮으므로 조금 더 넣고, 2배 식초는 강하므로 1/2, 3배 식초는 1/3 만 넣는다.
- 간장의 색이 지나치게 진하면 소금을 섞는다. 간장의 양을 줄이고 소금을 간장 양의 20~25% 정도 넣는다.
- 장아찌는 기후에 따라 간을 잘 조절해야 하는데 기온이 높을수록 소금이나 간장 양을 늘리면 된다.

※ 이 책에 실린 장아찌들은 짜지 않으므로 항상 냉장 보관해야 한다.

5. 장아찌의 필수 장류

1) 소금, 깊고 오묘한 자연의 맛

소금은 인류가 이용해 온 역사가 가장 오래된 조미료이자 보존료이다. 음식의 간을 맞춰 줄 뿐만 아니라 영양적으로도 다른 물질로 대체할 수 없는 것이 바로 소금이다.

우리 몸에 흡수된 소금은 나트륨(Na)과 염소(Cl)가 되어 혈액이나 소화액, 조직액에 들어 가 삼투압과 산도를 조절하며, 신경과 근육 접합부의 흥분성을 조절하는 등 여러 가지 작용 을 한다. 특히 소금을 적당히 활용하면 음식 맛을 돋울 뿐만 아니라 저장성을 높일 수 있다. 잡종류의 미생물의 침입과 번식을 억제해 부패를 막고, 유효 미생물을 선택적으로 번식시키 는 것도 소금의 중요한 역할이다. 인류의 식문화와 생활에서 오랫동안 중요한 역할을 해온 것도 이 때문이다.

채소류의 소금 절임과 관련된 여러 가지 작용 중 가장 중요한 것은 삼투압작용이다. 세포 는 두꺼운 세포벽으로 싸여 있고, 세포벽의 구성 성분은 주로 탄수화물 고분자물질로 이루 어져 있어 매우 견고하다. 그런데 소금 절임을 하게 되면 세포조직이 손상되고 세포벽이 부 분적으로 파괴되어 내부 세포액이 자체의 영양성분과 함께 빠져나오고 소금용액이 내부로 침투한다.

채소류의 세포는 세포액으로 가득 차 있는데 이 세포액의 농도보다 높은 농도의 소금용 액에 채소를 담그면 세포액 내의 수분이 용액으로 빠져나오는 탈수현상이 일어난다. 탈수 현상이 더욱 진행되면 원형질이 분리되고, 세포 내 각 기관과 세포벽이 손상을 입어 원형질 이 분리되어 수축된다. 이 과정에 의해 원형질을 분리시켜 조직이 발효될 수 있도록 함과 동 시에 소금이 채소 내부에 침투되게 하여 각종 호기성 미생물의 생육을 막고 젖산균의 생육 을 촉진하게 된다.

(1) 소금의 종류와 성분

소금은 크게 바닷물에 들어 있는 약 3%의 염분을 증발 농축시켜 만든 천일염과 유럽 등 특수지역에 매장되어 있는 암염으로 나뉜다. 최근에는 바닷물을 직접 증발 농축시키는 이온 교환막 제염법을 이용한 정제염의 생산량이 증가하고 있다. 정제염은 화학작용을 이용해 바 닷물에서 염화나트륨만 분리하여 생산한 소금으로, 우리가 일상에서 먹는 대부분의 소금이 여기에 속한다. 정제염은 99.9% 이상이 염화나트륨으로 구성된 인공 화학염이기 때문에 몸에 좋지는 않다. 반대로 천일염은 정제되지 않은 미네랄 성분이 살아 있는 자연 소금이다. 바닷물을 가둬 햇빛에 증발시키는 방법을 통해 생산하기 때문에 공정이 매우 까다롭다. 80%의 염화나트륨을 비롯해 칼슘, 칼륨, 마그네슘 등의 필수 미네랄이 20%나 함유되어 있다. 그리고 소금은 쓰임과 크기에 따라 굵은소금, 가는 소금, 식탁염으로 나눌 수 있으며, 각각의 특징은 다음과 같다.

- 굵은소금 : 호염 또는 천일염이라고 하며, 우윳빛을 띠고 입자가 고른 것이 좋다. 손에 쥐었다가 놓았을 때 손에 묻지 않고 바슬바슬하게 맑은 것, 쥐고 비볐을 때 잘 부서지는 것이 잘 녹는다. 배추나 무, 채소를 절일 때 사용하며, 간수가 빠진 상태에서 이용해야 쓴맛이 배지 않는다. 굵은소금 안에 남아 있는 칼슘과 마그네슘 등의 무기질이 채소를 절일 때 조직을 단단하게 해주어 채소가 익어도 무르지 않는다.
- 가는 소금 : 굵은소금을 정제하여 불순물을 제거한 것으로 꽃소금이라고도 부른다. 음식의 간을 맞추는 데 주로 사용한다.
- 식탁염 : 가는 소금을 더욱 정제한 곱고 깨끗한 소금으로 간을 조절할 때 이용한다.

2) 식초, 자연이 준 기적의 물

식초는 술과 함께 인류의 식생활 역사에서 가장 오랜 역사를 지닌 발효식품으로, 오래전부터 '백약(百藥)의 장(長)'이라 불리며 조미료로써뿐만 아니라 건강용으로 다양하게 이용되어 왔다. 고대에는 식초를 '쓴' 술이라 하여 술의 한 종류로 보았다. 영어로 식초를 뜻하는 비니거(vinegar)는 프랑스어 비네그르(vinaigre)에서 온 것으로, vin(와인)과 aigre(시다)의 합성어다. 어원을 통해서도 알 수 있듯이 식초는 술의 일종이고 또 술을 숙성한 것이라고 여겨졌다. 이처럼 식초는 술의 사촌쯤 되는데, 오래된 술이 발효되면서 시큼한 맛으로 변화하여 이것을 조미료로 쓴 것이 식초가 되었다.

(1) 식초의 종류와 쓰임

세계 각지에 수많은 종류의 술이 있듯이 식초의 종류도 매우 다양하다. 식초는 제조방법에 따라 크게 양조식초와 합성식초로 나뉜다. 양조식초란 쌀이나 술지게미, 과일 등이 종초(種醋 : 발효가 끝난 상태의 초)에 의해 변성된 알코올을 원료로 하여 아세트산 발효를 시킨 것으로 감칠맛을 내는 각종 유기산과 아미노산이 함유되어 있다. 이에 비해 석유에서 추출

한 빙초산 또는 초산(식초를 만들어내는 균)을 희석하여 유기산 등을 인공적으로 첨가해 만드는 합성식초는 산미 역할만 한다.

천연 양조식초는 100% 과즙에 전분질을 사용하고 첨가물을 넣지 않은 식초다. 천연 현미식초는 현미로 지은 고두밥에 누룩과 물을 넣어 식초가 되기까지의 과정을 자연상태에서 거친 것을 말한다. 8종의 필수 아미노산이 균형 있게 함유되어 있어 건강에 좋다. 식초는 원료에 따라 맛과 풍미가 다르고 효능에도 차이가 나는데, 요리에 맞는 식초의 궁합은 주로 향에 따라 결정된다.

- 과실식초 : 양조식초에 사과와 레몬, 석류 등의 과즙을 넣어 만든 식초로 무침이나 절임, 냉국, 초고추장, 피클 등에 이용한다. 사과초는 칼륨이 염분을 배출시켜 고혈압이나 심장질환을 예방하는 효과가 있다. 감식초는 포도당과 비타민 함량이 풍부해 다이어트와 피로 회복에 효과적이다. 요리의 재료보다는 건강 기능성 식품으로 많이 사용된다.

- 곡물식초 : 양조식초, 현미식초, 감자식초 등이 있다. 양조식초는 쌀과 술지게미, 옥수수가루를 원료로 맥아 엑기스(0.4%)와 겉보리를 넣어 만든다. 현미식초는 98%의 현미를 사용해 만든 현미당화 농축액으로 만든다. 8종의 필수 아미노산이 풍부하게 함유되어 있어 혈액순환에 좋다. 곡물식초는 모든 음식에 소스로 이용되며, 꿀이나 생수에 타서 마셔도 좋다. 무침요리에 잘 어울리고, 건강식품으로도 각광받고 있다.

- 발사믹식초 : 레드와인에 포도주스와 와인식초를 넣고 다시 한 번 숙성 발효시켜 만든 식초로, 부드럽게 달콤한 맛이 난다. '조미료계의 캐비아'라 불리며, 산도는 6%로 드레싱이나 육류와 생선 요리 등에 이용된다.

- 화이트와인식초 : 화이트와인을 발효시켜 만든 식초로 산도는 6~7% 정도다. 라즈베리 향을 첨가하여 풍미를 돋우는 식초도 나와 있다.

- 레드와인식초 : 레드와인을 발효시켜 만든 식초로 레드와인이 99.9% 이상 들어간다. 샐러드용 드레싱을 만들 때 많이 이용된다. 다양한 유기산과 무기질이 변비에 효과를 발휘하고, 폴리페놀 성분이 동맥경화를 예방한다.

- 2배·3배 식초 : 무침이나 물기가 많지 않아야 하는 요리에 많이 쓰인다. 최근에는 심근경색 및 뇌졸중 예방에 좋은 유자식초를 비롯하여 솔잎식초, 마늘식초 등도 나와 있다.

(2) 식초의 기능과 효능

신맛은 수많은 민족의 기본적인 미각으로, 초산과 구연산, 사과산 등의 유기산류 등이 들어 있는데 이들 성분은 당류 에너지대사의 중간물질이다. 식품에 따라 발효 또는 부패에 의해 생성되는 유기산은 에너지대사를 원활하게 하고 에너지원으로 작용한다. 식초의 주요 기능과 효능은 다음과 같다.

- 피로 회복 : 식초는 신맛 때문에 산성식품이라고 생각하기 쉽지만 인체에 흡수되면 알칼리 원소의 작용에 의해 알칼리성 식품 역할을 한다. 근육운동을 한 뒤 목욕물에 식초를 적당량 첨가하면 근육이 풀리고 피부와 머리카락에 윤기가 흐르며 피로가 빨리 해소된다. 또한 식초는 다른 열량 영양소를 빨리 에너지화해 주기 때문에 에너지 소비가 많은 사람이 식초 첨가한 음식을 먹으면 체력이 증강된다.
- 천연 살균제·방부제·해독제 : 식초는 세균의 번식을 억제하여 식품이 부패하는 것을 막아 신선도를 향상시킨다. 식중독 예방과 함께 몸속에 침입한 병균(식중독균이나 장티푸스균)을 물리치는 힘도 가지고 있다. 특히 감식초는 초산과 타닌의 작용 덕분에 다른 식초에 비해 항균성이 뛰어나다. 살균작용을 발휘해 장내 환경을 개선해 주기 때문에 변비나 치질 등에도 효과를 볼 수 있다.
- 식욕 증진 및 소화에 도움 : 식초를 첨가한 음식의 신맛은 소화액 분비를 촉진하여 소화를 촉진한다.
- 방사능 물질 제거 : 물에 식초를 타서 채소를 씻으면 방사능 물질을 효과적으로 제거할 수 있으며, 환경오염물질로부터 보호할 수 있다.
- 피부 세포의 재생 촉진 : 식초는 피부 세포의 재생을 촉진하는 효과가 있다. 불에 데거나 뜨거운 물에 화상을 입었을 때 식초 탄 냉수에 상처를 씻어내면 통증이 사라지고 물집이나 흉터가 생기지 않는다.
- 동맥경화와 고혈압 예방 : 소금은 적게 섭취하고 식초를 많이 취하면, 즉 소염다초(小鹽多醋)하면 생활습관병을 예방할 수 있다. 특히 식초는 소변을 통해 나트륨의 배설을 촉진하여 동맥경화와 고혈압을 예방한다.
- 콜레스테롤 수치 저하 및 지방 감소 : 초산의 항균성과 식초에 함유된 식이섬유가 정장작용을 하여 변비를 치료하고 콜레스테롤 수치를 낮추어 지방대사와 관련된 질병을 막아준다.

- 비타민 보호 : 비타민 B군과 비타민 C는 알칼리성이 약한데 식초를 첨가하면 비타민이 손실되는 것을 줄일 수 있다.
- 무좀 및 발 냄새 제거 : 항균 및 탈취 효과가 있어 따뜻한 물에 식초와 소금을 타서 발을 씻으면 효과를 볼 수 있다. 도마나 칼에 밴 냄새를 제거하는 데도 효과가 있다.

3) 간장, 은근한 기다림의 맛

장류는 구수한 맛, 감칠맛, 깊은 맛을 바탕으로 우리나라 음식 맛의 바탕을 지켜왔다. 그런 까닭에 우리 조상들은 여러 가지 장류를 갖추어 음식의 감을 맞추고 맛을 내는 재료로 이용했다. 특히 우리나라 장의 기본은 콩과 소금으로, 이 두 가지가 구비되어야만 담글 수 있다. 콩은 유적의 출토품으로 미루어 청동기시대에 이미 재배되고 있었음을 알 수 있지만 소금을 처음으로 제조한 시기는 정확하게 알 수 없다. 그러나《삼국지위지동이전》의〈고구려조〉에 실린 "쌀과 함께 어물과 소금을 멀리서 날라다 공급했다"는 기술로 보아 연맹왕국 당시에 이미 소금을 제조하였음을 알 수 있다.

간장은 음식 맛을 뒷받침해 왔다는 점 외에 몸을 살찌게 한다는 점에서도 중요한 발효식품이다. 특히 농경 중심 사회에서 육류를 대신해 주는 중요한 단백질 공급원 역할을 해왔다. 일찍이 허준은《동의보감》에서 장류의 원천이 되는 콩에 대해서 "위와 장을 덥게 하고, 오래 먹으면 체중이 늘어난다"고 했다. 조선 중엽의 실학자 이익(李瀷, 1681~1763)도《성호사설(星湖僿說)》에서 "곡식이란 사람을 살리는 것으로 그중 콩의 힘이 가장 크다"고 하였다. 실학자 류중림(柳重臨, 1705~1771)은《증보산림경제(增補山林經濟)》에서 장의 가치에 대해 이렇게 언급했다. "장은 백미의 으뜸이니 장맛이 좋지 않으면 좋은 고기가 있다 할지라도 맛있는 반찬을 마련하기 어렵고, 특히 가난한 자는 고기를 얻기 어렵더라도 아름다운 장이 있으면 밥반찬에 염려가 없으니 가장된 자는 반드시 먼저 장 담그기를 유념해야 할 것이며, 해를 묵혀가며 장을 먹을 수 있도록 마련하는 것이 마땅한 도리이니라."

이처럼 장은 오래전부터 음식의 기본이었다.

(1) 간장의 제조법과 종류

간장을 만들 때는 독을 준비하고, 소금과 물을 고르고, 메주를 만들고, 장을 담그고, 장을 뜨는 6가지 과정을 거쳐야 한다. 우리나라의 재래 간장은 메주를 가지고 간장과 된장을 함께 만든다. 메주 만드는 반법은 다음과 같다.

먼저 가을에 수확한 메주콩을 물에 불려서 충분히 삶아 절구에 넣어 찧은 뒤 한 되들이의 사각 나무상자에 넣어 모양을 만들거나 손으로 덩어리를 만든다. 이것을 며칠간 방바닥에 놓아두면 꾸덕꾸덕해지는데, 이것을 볏짚으로 묶어 겨우내 따뜻한 방에 매달아두면 된다. 서너 달이 지나 봄이 되면 큰 것은 반으로 가르고 작은 것은 볏짚을 풀고 포개어 그 위를 덮은 뒤 방 안에 재워서 더 띄운다. 그런 다음 이것을 꺼내어 햇볕에 말리면 된다. 메주가 따뜻한 곳에 있는 동안 볏짚이나 공기 중의 여러 가지 미생물이 자연적으로 들어가 발육되는 것이다. 이 미생물이 단백질 분해효소와 전분 분해효소를 분비하고, 간장의 고유한 맛과 향기를 내준다.

이렇게 만들어진 메주는 소금물에 담근다. 담그는 시기와 지역에 따라 가온이 다르기 때문에 소금의 농도와 발효 기간도 달라진다. 적당한 크기로 쪼갠 메줏덩어리를 항아리에 반 정도 채우고 미리 만들어놓은 소금물을 가득 채우면 된다.

장의 염도는 항아리에 달걀이 동동 뜨는 정도가 가장 적당하다. 서울은 17보메(°Bé), 부산은 21.5보메, 김천은 20보메로 지역의 기후에 따라 다르다. 이렇게 장을 담근 지 40일 정도 지나 발효가 끝나면 메줏덩어리를 걸러 액체는 간장으로 만들고 덩어리는 으깨어 소금을 더 넣고 다른 항아리에 재우는데, 이것이 바로 된장이다.

(2) 간장의 분류

간장은 담근 햇수에 따라 진간장, 중간장, 묵은 간장 등으로 나눌 수 있다. 원료에 따라 콩과 전분질을 원료로 혼합사용하며, 발효균도 곰팡이(aspergillus oryzae)를 사용하는 일본 간장과 양조간장이 있다. 콩만을 원료로 바실루스균(bacillus subtilis)에 의존해 발효시키는 조선간장, 생선 자체의 효소분해로 숙성되는 동남아지역의 어간장도 있다. 중국이나 일본의 장에는 전분질이 다량 함유되어 있기 때문에 단맛과 감칠맛이 많이 난다. 우리나라에서는 오직 대두(大豆)만을 쓰는데, 3~5년 정도 묵은 것이 가장 맛있다.

제조법에 의한 분류로는 순콩으로 만든 재래간장, 콩밀로 제조하여 된장이 나오지 않는 개량된장, 화학간장인 아미노산 간장이 있다. 먼저 국장간은 색깔이 진하지 않고 감칠맛이 나며 단맛이 적은 것이 특징으로, 미역국이나 콩나물국, 나물 무침에 주로 이용한다. 진간장은 국간장보다 묵은 간장으로, 아미노산과 당이 우러나와 갈색의 멜라닌 색소, 캐러멜 색소 등을 생성하여 색깔이 진하다. 장아찌나 생선 조림, 구이 등을 할 때 이용한다.

4) 된장, 구수한 한국의 맛

발효식품인 된장은 수천 년 동안 우리 민족의 식탁을 지켜온 전통식품이다. 《조선무쌍신식요리제법》에서 "장은 여러 음식에 넣을 간을 치고 맛을 내는 것이므로 음식 중에 제일이요, 때를 놓치지 않고 담가야 하는 고로 소중히 자별하여야 하는 큰일이다"라고 했을 만큼 장을 중요시했다. 한마디로 장류를 빼고 한국인의 식생활을 이야기할 수 없다.

된장은 '덩어리지고 되직하다' 하여 붙여진 이름이며, '흙빛이 난다' 하여 토장(土醬)이라 한다. 우리는 건강한 몸을 '된장 살'이라고 하는가 하면, 힘이 센 사람을 가리켜 '된장 힘'이라고 하여 된장에서 건강한 몸과 힘을 얻는다고 믿었다.

옛날부터 된장에는 오덕(五德)이 있다고 했다. 다른 맛과 섞어도 제맛을 잃지 않아 단심(丹心), 오래 두어도 변질되지 않아 항심(恒心), 비리고 기름진 냄새를 제거해 주므로 불심(佛心), 매운맛을 부드럽게 해주므로 선심(善心), 어떤 음식과도 잘 조화되므로 화심(和心)이라는 것이다.

(1) 된장의 제조와 종류

된장은 간장을 뜨고 남은 메주를 으깨어 항아리에 담은 뒤 소금을 뿌려 만든다. 간장과 된장에 쓸 메주는 보통 10~12월에 콩을 삶아서 메주로 만들어 띄우며, 이듬해 입춘 전에 장을 담근다. 메주를 띄우는 방법은 지역마다 다르고 각각의 비법도 따로 있다.

볏짚에는 발효에 도움을 주는 바실루스균이 들어 있어 발효를 활성화해 준다. 짚으로 묶을 때는 솔잎을 함께 묶고, 잡균이 번식하는 것을 방지하기 위해 참숯으로 훈증을 하기도 한다. 이렇게 메주를 만들어 한 달 정도 지나 2/3 정도가 마르면 짚으로 겹겹이 싼 메주를 따뜻한 온돌방의 솜이불 속에 쌓아둔다. 이렇게 보름 정도 놓아두면 메주에서 나온 수증기가 증발하여 메주 속까지 곰팡이가 왕성하게 번식한다. 이런 과정을 거쳐 '잘 띄운 메주'가 만들어지는 것이다. 이렇게 콩 100%로 만든 재래된장은 우리 몸에 좋은 발효균과 영양성분이 파괴되지 않고 그대로 살아 있다. 특히 숙성이 진행될수록 맛과 향이 더욱 좋아진다. 반면 시판되는 가열 살균된장은 발효균이 죽은 상태인 데다 밀가루를 섞어서 만들기 때문에 맛이 텁텁하고 달다.

된장은 원료의 배합비율에 따라 맛과 숙성기간에 상당한 차이가 난다.

메주의 발효상태와 양은 단맛을 결정하고, 콩의 양은 구수한 맛을 결정하며, 소금은 짠맛과 숙성기간에 영향을 준다.

재래된장은 그 종류가 다양한데, 막된장·토장·막장·즙장(汁醬)·생황장·청태장·팥장(小豆醬)·청국장·집장·두부장(豆腐醬)·지례장·무장·생치장(生雉醬)·비지장·깻묵장·등겨장·가리장 등으로 구분할 수 있다.

(2) 된장의 기능과 효능

《뇌내혁명》의 저자 하루야마 시게오는 된장을 가리켜 '최고의 자연식품'이라 했으며, 콩을 이용한 청국장과 된장은 아미노산 밸런스가 뛰어나 뇌내 모르핀을 만드는 재료로 가장 적합하다고 했다. 《본초강목》에도 된장으로 약효를 보는 처방이 43가지나 적혀 있어 "된장이 치료로 최다(最多)하다"며 약효의 다양함을 적고 있다. 된장의 대표적인 기능과 효능은 다음과 같다.

- 항암작용 : 된장찌개에 발암물질을 투여하여 쥐를 암에 걸리도록 한 뒤 된장을 먹인 결과 된장을 먹이지 않은 쥐보다 암조직의 무게가 80%나 감소했다. 암세포의 성장을 억제하는 효과도 있다.
- 고혈압에 특효 : 된장에 들어 있는 히스타민-류신 아미노산은 생리활성이 뛰어나 두통으로 인한 통증을 줄여주고 혈압을 낮춰준다. 콜레스테롤을 제거하고 혈관을 탄력있게 하는 효과도 있다.
- 간 기능 강화 : 간 기능을 회복하고 해독하는 데 효과를 발휘하고, 간 독성 지표인 아미노기 전이효소의 활성을 떨어뜨려 간 기능을 강화해 준다.
- 항산화 효과 : 콩에는 항노화 작용을 하는 이소플라본(Isoflavone)이 들어 있다. 아미노산류와 당류의 반응으로 생성된 멜라노이딘(melanoidine)상의 물질인 항산화성분도 들어 있다.
- 노인성 치매 예방 : 콩 속에 들어 있는 레시틴(lecithin)은 뇌 기능을 향상시켜 준다. 기능성 물질인 사포닌은 혈중 콜레스테롤 수치를 낮추고 과산화지질의 형성을 억제하여 노화와 노인성 치매를 예방한다.
- 천연 소화제 : 식욕을 돋우는 동시에 소화력이 뛰어나 된장과 함께 먹으면 체할 염려가 없다. 민간에서는 체했을 때 된장을 묽게 풀어 끓인 국을 한 사발 먹으면 체기가 풀어진다고 했다.
- 골다공증 예방 : 식물성 에스트로겐(estrogen)인 이소플라본 유도체가 뼈를 형성하여

여성의 골다공증을 예방한다.

- 당뇨 개선 : 멜라노이딘(melanoidine) 성분이 인슐린의 분비를 원활하게 하여 당뇨를 개선한다.

5) 고추장, 한국을 대표하는 매운맛

고추장은 우리나라에 고추가 전래된 16세기 이후에 개발되어 우리의 식생활에 커다란 변화를 가져왔다. 임진왜란(1592년) 전후에 유입되어 역사는 4백 년 정도에 불과하지만 소비량은 연간 약 20만 톤에 이른다. 말 그대로 한국 음식에서 빼놓을 수 없는 필수 양념이다. 일본에서 온 매운 나물이란 뜻에서 처음엔 '왜개자(倭芥子)', 고통스러운 맛이 난다 하여 '고초(苦草, 苦椒)' 등으로 불렸다.

고추장은 녹말이 가수분해되어 생성된 당분의 단맛과 메주콩 단백질이 가수분해되어 생긴 아미노산의 구수한 맛, 고춧가루 중의 캡사이신(capsaicin)에 의한 매운맛, 소금의 짠맛이 잘 조화되어 특유의 감칠맛을 낸다. 따라서 원료의 배합비율과 숙성조건에 따라 성분과 맛이 달라진다. 고추장은 된장에 비해 단백질 함량은 적은 대신 당분이 많은 것이 특징이다.

우리 속담에 "작은 고추가 맵다" 하고, 한국인의 힘을 말할 때 '고추의 힘'이라 말하기도 한다. 고추의 매운맛은 자극적이기 때문에 식욕을 돋우는 데 매우 효과적이다. 한국인이 고추를 애용하는 이유도 바로 여기에 있다. 그러나 지나치게 많이 섭취하면 위장의 점막을 자극하여 소화기관을 해칠 염려가 있으므로 적당히 섭취할 것을 권한다.

(1) 고추장의 제조와 종류

고추장의 원료는 메주, 고춧가루, 엿기름, 소금이지만 무엇보다 중요한 건 고춧가루다. 고추장은 보통 날이 더워지기 전인 3~4월에 담근다. 전통 고추장에 쓰이는 메주는 콩의 약 20%에 달하는 만큼 찹쌀가루를 시루에 쪄낸 다음 섞어서 부수어 덩어리를 만든 뒤 재래식 콩메주와 같은 방법으로 자연발효 및 건조과정을 거쳐서 만든다. 이렇게 만든 메줏가루를 찹쌀밥에 섞고 적당한 양의 물을 끼얹어 반죽한 뒤 따뜻한 방에 덮어두면 호화작용이 일어나 반죽이 묽어진다. 여기에 고춧가루와 소금을 넣고 골고루 섞은 뒤 항아리에 담아 햇볕에 일정한 기간 숙성시키면 고추장이 완성된다. 고추장은 넣는 재료나 간의 정도, 보관장소에 따라 숙성기간이 달라진다. 대개는 고추장을 담가 항아리에 담아놓고 가끔 햇볕을 쬐면서 숙성시켜 한 달 뒤에 먹는다.

고추장은 메줏가루와 주재료의 종류에 따라 찹쌀고추장, (멥)쌀고추장, 보리고추장, 고추장(밀가루), 팥고추장, 떡고추장, 수수고추장, 고구마고추장, 마늘고추장, 대추찹쌀고추장, 무거리고추장, 약고추장 등으로 구분할 수 있다. 또 이용방법에 따라 비빔밥이나 비빔국수에 넣고 먹는 양념고추장, 회나 강회 등에 찍어 먹는 초고추장, 찌개에 넣는 막고추장, 장아찌 등에 넣는 장아찌고추장으로 나뉜다.

막 버무린 고추장은 되직하고 검붉은색이 나는 것이 좋다. 맛은 약간 짜고 매우며 쌉쌀해야 제대로 된 것이다. 6개월 정도 숙성되면 고추의 매운맛과 메주의 구수한 맛, 찹쌀전분의 단맛과 소금의 짠맛이 어우러져 감칠맛이 난다.

고춧가루는 태양에 말린 태양초가 가장 좋다. 고추씨가 보이고 살이 투명하고 맑아 빛이 나는 고추를 빻은 것으로 일반적인 고추는 끝이 약간 굽고 검붉은 것을 택한다. 너무 투명해서 씨앗이 보이는 것은 가루 양이 적다. 김치를 담글 때는 입자가 굵은 고춧가루를 사용해야 색이 곱고 맛깔스러우며 오래 저장하기에 좋다. 고추장을 담글 때는 아주 고운 고춧가루를 사용한다.

예전에는 집마다 두세 종류의 고추장을 담가두고 음식에 따라 구별해서 쓰기도 했다. 귀한 찹쌀고추장은 초고추장을 만들거나 음식의 고운 색을 낼 때 쓰고, 밀가루고추장은 찌개나 토장국, 장아찌 등을 담글 때 사용했다. 농가에서는 보리고추장을 많이 만들어 먹었는데, 보릿가루를 쪄서 엿기름물을 풀어 삭혀서 고춧가루와 메줏가루를 넣어 버무린다. 다른 고추장보다 단맛이 적고 칼칼하고 구수해서 쌈장으로 많이 먹었다.

경상도와 전라도에서는 메줏가루를 넣지 않고 조청을 고아 고춧가루를 섞어 소금으로 간을 한 엿고추장도 있다.

··· **참고문헌**

김우용 외(2015). 이야기가 있는 행복한 사계절밥상. 백산출판사

행복으로 초대(블로그, http://blog.naver.com/venuslv?Redirect=Log&logNo=12325755)

한국사찰음식문화연구소(2013). 고운사찰요리. 디채널

최은희 외(2015). 발효음식의 미학. 백산출판사

김지현 외(2014). 바람과 햇살, 숨쉬는 땅 남도김치. 백산출판사

김정숙·한도연(2011). 자연의 깊은 맛 장아찌. 아카데미북

사찰
김치

가죽김치

재료 가죽 1kg, 천일염 1컵

채수풀국 재료 생수 2컵, 건표고버섯 2개, 다시마(5×5) 1장, 무(5×5) 1조각, 감초 3쪽, 찹쌀가루 1큰술

양념재료 고춧가루 1컵, 집간장 5큰술, 생강즙 2큰술

• 재료 준비하기

1. 연한 가죽 잎과 줄기를 깨끗이 씻어 소금에 2시간가량 절여 2~3번 씻어 물기를 뺀다.
2. 생강은 껍질을 벗기고 곱게 다진 뒤 면포에 걸러 생강즙을 낸다.

• 채수풀국 조리하기

3. 냄비에 생수, 건표고버섯, 무, 감초를 담고 가열해서 끓으면 다시마를 넣고 3분 뒤에 다시마를 건져낸 다음 10분 정도 끓여 채수를 만든다.
4. 준비된 채수 2큰술에 찹쌀가루를 잘 풀어 채수 1컵에 섞어 묽게 풀국을 만들어 식힌다.

• 양념에 버무려 완성하기

5. 채수풀국에 고춧가루, 생강즙, 집간장을 넣고 골고루 섞어 양념장을 만든다.
6. 준비된 가죽에 양념장을 버무려 저장용기에 보관한다.

가지김치

재료 가지 5개　**부재료** 무(10×10) 1조각, 청고추 3개

채수풀국 재료 생수 2컵, 건표고버섯 2개, 다시마(5×5) 1장, 무(5×5) 1조각, 감자(6×6) 1개

양념재료 고춧가루 10큰술, 생강즙 1큰술, 설탕 1큰술, 천일염 1작은술

• 재료 준비하기

1. 가지는 꼭지를 적당히 자른 뒤 씻어서 ＋자모양으로 길게 칼집을 낸다.
2. 김이 오른 찜기에 가지를 넣어 2~3분 찐 후 차게 식힌다.
3. 무와 청고추는 다듬어 5cm 길이로 채 썬다.
4. 생강은 껍질을 벗기고 곱게 다져 생강즙을 낸다.
5. 감자는 껍질을 벗겨 2×4cm 크기로 4등분한다.

• 채수풀국 조리하기

6. 냄비에 생수, 건표고버섯, 무를 담고 가열해서 끓으면 다시마를 넣고 3분 뒤에 다시마를 건져낸 다음 10분 정도 끓여 채수를 만든다.
7. 감자를 채수에 넣고 삶아 식힌 뒤 분쇄기로 갈아 감자풀국을 만든다.

• 양념에 버무려 완성하기

8. 감자풀국에 고춧가루, 생강즙, 설탕, 소금을 넣고 골고루 섞어 양념장을 만든다.
9. 준비된 가지에 양념장을 버무려 저장용기에 보관한다.

단감김치

재료 단감 5개, 천일염 1/2컵

양념재료 고춧가루 1/2컵, 홍시감청 1/4컵, 생강즙 1큰술

· 재료 준비하기

1. 감은 깨끗이 씻어서 굵직하게 2cm 두께의 편으로 썰어 소금에 1시간가량 절인다.

2. 절인 감은 2~3번 씻어 물기를 뺀다.

3. 생강은 껍질을 벗기고 곱게 다져 생강즙을 낸다.

· 양념에 버무려 완성하기

4. 홍시감청에 고춧가루, 생강즙을 넣고 골고루 섞어 양념장을 만든다.

5. 준비된 단감에 양념장을 버무려 저장용기에 보관한다.

고구마김치

재료 고구마 5개, 천일염 1컵

채수 재료 생수 2컵, 건표고버섯 2개, 다시마(5×5) 1장, 무(5×5) 1조각

양념재료 생강즙 1큰술, 물엿 3큰술, 고춧가루 1/3컵, 천일염 적당량

• 재료 준비하기

1. 고구마는 껍질을 벗겨 2×4cm 크기로 깍둑 썰어 소금을 물에 풀어 희석시킨 절임물을 만들어 1시간가량 절인다.
2. 생강은 껍질을 벗기고 곱게 다져 생강즙을 낸다.
3. 절인 고구마는 2~3번 씻어 전분기와 물기를 뺀다.

• 채수 조리하기

4. 냄비에 생수, 건표고버섯, 무를 담고 가열해서 끓으면 다시마를 넣고 3분 뒤에 다시마를 건져낸 다음 10분 정도 끓여 채수를 만든다.

• 양념에 버무려 완성하기

5. 고구마에 고춧가루를 넣고 고루 섞어 고춧물을 들인다.
6. 채수에 생강즙, 물엿을 넣고 버무린 뒤 소금으로 간을 맞춰 양념장을 만든다.
7. 준비된 고구마에 양념장을 버무려 저장용기에 보관한다.

고들빼기김치

재료 고들빼기 1kg, 천일염 1컵   **부재료** 밤 10개

채수풀국 재료 생수 2컵, 건표고버섯 2개, 다시마(5×5) 1장, 무(5×5) 1조각, 감초 6g, 찹쌀가루 1큰술

양념재료 고춧가루 1컵, 생강즙 2큰술, 매실청 3큰술

• 재료 준비하기

1. 고들빼기는 뿌리와 잎 사이를 칼로 흙과 잔뿌리를 긁어 깨끗하게 손질한다.
2. 물에 담가 흔들어 흙이 없도록 여러 번 씻은 후 소금물에 3시간 이상 절여 쓴맛을 제거한다.
3. 절여진 고들빼기는 2~3번 씻어 물기를 뺀다.
4. 체에 밭쳐 하루 정도 꾸덕꾸덕하게 말린다.
5. 밤은 껍질을 벗겨 채 썬다.
6. 생강은 껍질을 벗기고 곱게 다져 생강즙을 낸다.

• 채수풀국 조리하기

7. 냄비에 생수, 건표고버섯, 무, 감초를 담고 가열해서 끓으면 다시마를 넣고 3분 뒤에 다시마를 건져낸 다음 10분 정도 끓여 채수를 만든다.
8. 준비된 채수 2큰술에 찹쌀가루를 잘 풀어 채수 1컵에 섞은 뒤 묽게 풀국을 만들어 식힌다.

• 양념에 버무려 완성하기

9. 채수풀국에 고춧가루, 생강즙, 매실청을 넣고 골고루 섞어 양념장을 만든다.
10. 준비된 고들빼기에 양념장을 버무려 저장용기에 보관한다.

근대김치

재료 근대 1kg, 천일염 1컵   **부재료** 무(10×10) 1조각, 홍고추 5개

채수풀국 재료 생수 2컵, 건표고버섯 2개, 다시마(5×5) 1장, 무(5×5) 1조각, 찹쌀가루 1큰술

양념재료 생강즙 2큰술, 고춧가루 1/2컵, 설탕 2큰술, 집간장 3큰술

• 재료 준비하기

1. 근대를 깨끗이 다듬어 씻은 뒤 소금을 물에 풀어 희석시킨 절임물을 만들어 1시간가량 절인다.

2. 무와 홍고추는 곱게 채 썬다.

3. 생강은 껍질을 벗기고 곱게 다져 생강즙을 낸다.

4. 소금에 절여진 가죽을 2~3번 씻어 물기를 뺀다.

• 채수풀국 조리하기

5. 냄비에 생수, 건표고버섯, 무를 담고 가열해서 끓으면 다시마를 넣고 3분 뒤에 다시마를 건져낸 다음 10분 정도 끓여 채수를 만든다.

6. 준비된 채수 2큰술에 찹쌀가루를 잘 풀어 채수에 섞어 묽게 풀국을 만들어 식힌다.

• 양념에 버무려 완성하기

7. 채수풀국에 고춧가루, 생강즙, 설탕, 집간장, 무, 홍고추를 넣고 골고루 섞어 양념장을 만든다.

8. 준비된 근대에 양념장을 버무려 저장용기에 보관한다.

깍두기

재료 무 1개, 천일염 1/2컵

채수풀국 재료 생수 2컵, 건표고버섯 2개, 다시마(5×5) 1장, 무(5×5) 1조각, 찹쌀가루 1큰술

양념재료 고춧가루 1/2컵, 사과즙 1컵, 매실청 2큰술, 생강즙 1큰술, 검은깨 적당량

• 재료 준비하기

1. 무는 3×3cm 크기로 깍둑 썰어 소금에 1시간가량 절인다.

2. 절여진 무는 2~3번 씻어 물기를 뺀다.

3. 생강은 껍질을 벗기고 곱게 다져 생강즙을 낸다.

• 채수풀국 조리하기

4. 냄비에 생수, 건표고버섯, 무를 담고 가열해서 끓으면 다시마를 넣고 3분 뒤에 다시마를 건져낸 다음 10분 정도 끓여 채수를 만든다.

5. 준비된 채수 2큰술에 찹쌀가루를 잘 풀어 채수에 섞어 묽게 풀국을 만들어 식힌다.

• 양념에 버무려 완성하기

6. 채수풀국에 고춧가루, 사과즙, 매실청, 생강즙, 검은깨를 넣고 골고루 섞어 양념장을 만든다.

7. 준비된 무에 양념장을 버무려 저장용기에 보관한다.

깻잎김치

재료 깻잎 50장   **부재료** 밤 10개

양념재료 고춧가루 5큰술, 매실청 6큰술, 시판용 진간장 5큰술, 생강채 1큰술, 통깨 조금

・ 재료 준비하기

1. 깻잎은 한 장씩 2~3번 씻어 물기를 뺀다.
2. 밤은 껍질을 벗기고 가늘게 채를 썬다.
3. 생강은 껍질을 벗기고 가늘게 채를 썬다.

・ 양념에 버무려 완성하기

4. 볼에 밤채, 생강채, 고춧가루, 매실청, 간장, 통깨를 넣고 골고루 섞어 양념장을 만든다.
5. 넓은 볼에 깻잎을 담고 아래에서 위쪽으로 2장에 한 번씩 양념장을 고르고 얇게 펴 바른다.
6. 깻잎에 양념장을 버무려 저장용기에 보관한다.

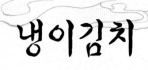

냉이김치

재료 냉이 500g, 천일염 1/2컵

채수 재료 생수 2컵, 건표고버섯 2개, 다시마(5×5) 1장, 무(5×5) 1조각

양념재료 사과 1/2개, 밥 2큰술, 고춧가루 8큰술

• 재료 준비하기

1. 냉이는 시든 잎을 떼어낸 뒤 작은 칼로 뿌리 부분의 흙과 잔뿌리를 긁어 깨끗하게 준비한다.

2. 볼에 물을 충분히 담아 냉이를 살살 흔들어 2~3번 흙이 완전히 제거되도록 씻어 물기를 뺀다.

3. 큰 볼에 냉이를 담고 소금을 물에 풀어 희석시킨 절임물을 만들어 부은 후 골고루 절여지도록 한 번씩 뒤집어 30분가량 절인다.

4. 볼에 물을 충분히 담아 냉이를 살살 흔들며 3~4번 헹궈 체에 받쳐 물기를 뺀다.

• 채수 조리하기

5. 냄비에 생수, 건표고버섯, 무를 담고 가열해서 끓으면 다시마를 넣고 3분 뒤에 다시마를 건져낸 다음 10분 정도 끓여 채수를 만든다.

• 양념에 버무려 완성하기

6. 분쇄기에 채수 1/2컵과 사과, 밥을 넣고 곱게 갈아 큰 볼에 붓고 고춧가루를 섞어 양념장을 만든다.

7. 냉이에 양념장을 골고루 버무려 저장용기에 보관한다.

단호박김치

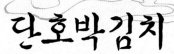

재료 단호박 1개, 천일염 1/2컵

채수풀국 재료 생수 2컵, 건표고버섯 2개, 다시마(5×5) 1장, 무(5×5) 1조각, 찹쌀가루 1큰술

양념재료 매실청 3큰술, 생강즙 1큰술, 고춧가루 1/2컵, 배 1/2개

• 재료 준비하기

1. 단호박은 껍질을 벗겨 반으로 갈라 씨를 제거하고 2×3cm 크기로 사각지게 썬다.
2. 썬 단호박은 소금에 1시간가량 절인 뒤 씻어서 2~3차례 씻어 물기를 뺀다.
3. 생강은 껍질을 벗기고 곱게 다져 생강즙을 낸다.

• 채수풀국 조리하기

4. 냄비에 생수, 건표고버섯, 무를 담고 가열해서 끓으면 다시마를 넣고 3분 뒤에 다시마를 건져낸 다음 10분 정도 끓여 채수를 만든다.
5. 준비된 채수 2큰술에 찹쌀가루를 잘 풀어 채수에 섞어 묽게 풀국을 만들어 식힌다.

• 양념에 버무려 완성하기

6. 분쇄기에 채수풀국, 매실청, 생강즙, 배를 넣어 곱게 갈아둔 뒤 고춧가루를 넣고 골고루 섞어 양념장을 만든다.
7. 단호박에 양념장을 버무려 저장용기에 보관한다.

더덕김치

재료 더덕 8~10뿌리, 천일염 1/2컵　**부재료** 갓 100g

채수풀국 재료 생수 2컵, 건표고버섯 2개, 다시마(5×5) 1장, 무(5×5) 1조각, 찹쌀가루 1큰술

양념재료 고춧가루 3큰술, 생강즙 2큰술, 설탕 3큰술, 천일염 적당량, 검은깨 적당량

• 재료 준비하기

1. 더덕은 껍질을 벗기고 위아래를 각각 1cm 정도 남기고 가운데 길게 칼집을 넣는다.
2. 소금을 물에 풀어 희석시킨 절임물을 만든다.
3. 절임물에 더덕을 넣고 더덕이 부드럽게 휘어질 때까지 절인다.
4. 절여진 더덕은 2~3번 깨끗이 씻어 밀대로 밀거나 자근자근 두들겨 더덕 결을 부드럽게 푼다.
5. 갓은 2~3cm 길이로 썬다.
6. 생강은 껍질을 벗기고 곱게 다져 생강즙을 낸다.

• 채수풀국 조리하기

7. 냄비에 생수, 건표고버섯, 무를 담고 가열해서 끓으면 다시마를 넣고 3분 뒤에 다시마를 건져낸 다음 10분 정도 끓여 채수를 만든다.
8. 준비된 채수 2큰술에 찹쌀가루를 잘 풀어 채수에 섞어 묽게 풀국을 만들어 식힌다.

• 양념에 버무려 완성하기

9. 채수풀국에 고춧가루, 생강즙, 갓, 검은깨를 넣고 골고루 섞어 양념장을 만든다.
10. 양념장에 소금, 설탕으로 간을 한다.
11. 더덕에 양념장을 버무려 저장용기에 보관한다.

도라지김치

재료 도라지 500g, 천일염 1/2컵 **부재료** 갓 100g

감초물 재료 생수 1컵, 감초 2~3쪽

양념재료 감초물 1/2컵, 고춧가루 1/2컵, 다진 생강 1큰술, 설탕 1큰술, 통깨 적당량

• 재료 준비하기

1. 도라지는 흙을 씻은 후 껍질을 벗기고 소금을 물에 풀어 희석시킨 절임물을 만들어 절인다.
2. 절여진 도라지는 2~3번 헹궈 물기를 뺀다.
3. 생강의 껍질을 벗겨 곱게 다지고 갓은 잘 다듬어 3~4cm 길이로 썬다.

• 감초물 조리하기

4. 냄비에 생수와 감초를 넣고 끓여 감초가 충분히 우러나오면 불을 끄고 식힌다.

• 양념에 버무려 완성하기

5. 감초물에 갓, 고춧가루, 다진 생강, 설탕, 통깨를 넣고 고루 섞어 양념장을 만든다.
6. 준비된 도라지에 양념장을 버무려 저장용기에 보관한다.

막김치

재료 알배기배추 1kg, 천일염 1컵 **부재료** 무(10×10) 1조각, 갓 100g

채수풀국 재료 생수 2컵, 건표고버섯 2개, 다시마(5×5) 1장, 무(5×5) 1조각, 찹쌀가루 1큰술

양념재료 고춧가루 1/2컵, 물엿 3큰술, 설탕 1큰술, 다진 생강 적당량

• 재료 준비하기

1. 배추는 꽁지를 잘라 잎을 분리한 후 찬물에 세척하고 먹기 좋은 크기로 찢은 후 소금을 물에 풀어 희석시킨 절임물을 만들어 절인다.
2. 나긋하게 잘 절여진 배추는 찬물에 2~3번 헹궈 물기를 뺀다.
3. 갓은 3~4cm로 썰고, 무는 채 썬다.
4. 생강은 껍질을 벗겨 곱게 다진다.

• 채수풀국 조리하기

5. 냄비에 생수, 건표고버섯, 무를 담고 가열해서 끓으면 다시마를 넣고 3분 뒤에 다시마를 건져낸 다음 10분 정도 끓여 채수를 만든다.
6. 준비된 채수 2큰술에 찹쌀가루를 잘 풀어 채수에 섞어 묽게 풀국을 만들어 식힌다.

• 양념에 버무려 완성하기

7. 채수풀국에 양념장을 먼저 만들어 고춧가루가 불어 양념장이 잘 어우러지게 준비한다.
8. 준비된 배추에 양념장을 버무려 저장용기에 보관한다.

무말랭이김치

재료 무말랭이 300g, 천일염 5큰술　　**부재료** 녹차잎(우려내서 말린 것)
채수풀국 재료 생수 2컵, 건표고버섯 2개, 다시마(5×5) 1장, 무(5×5) 1조각, 찹쌀가루 1큰술
양념재료 물엿 10큰술, 집간장 10큰술, 고춧가루 10큰술, 생강즙 2큰술, 깨 적당량

・재료 준비하기

1. 무말랭이를 미지근한 소금 녹인 물에 조물조물 주무르며 2~3번 씻어 물기를 뺀다.
2. 생강은 껍질을 벗기고 곱게 다져 생강즙을 낸다.

・채수풀국 조리하기

3. 냄비에 생수, 건표고버섯, 무를 담고 가열해서 끓으면 다시마를 넣고 3분 뒤에 다시마를 건져낸 다음 10분 정도 끓여 채수를 만든다.
4. 준비된 채수 2큰술에 찹쌀가루를 잘 풀어 채수에 섞어 묽게 풀국을 만들어 식힌다.

・양념에 버무려 완성하기

5. 채수풀국에 물엿, 집간장, 고춧가루, 생강즙, 깨를 넣고 고루 섞어 양념장을 만든다.
6. 준비된 무말랭이와 녹차잎에 양념장을 버무려 저장용기에 보관한다.

무청김치

재료 무청 500g, 천일염 1컵

채수풀국 재료 생수 2컵, 건표고버섯 2개, 다시마(5×5) 1장, 무(5×5) 1조각, 찹쌀가루 1큰술

양념재료 불린 건고추 10개, 다진 생강 1큰술, 고춧가루 5큰술, 매실청 1/4컵, 배 1/2개

·재료 준비하기

1. 무청 겉잎은 시래기로 말리고 속잎만 손질해 깨끗이 씻어서 소금을 물에 풀어 희석시킨 절임물에 2시간가량 절인다.
2. 생강은 깨끗이 씻어 껍질을 벗겨 곱게 다진다.
3. 잘 절여진 무청은 흐르는 물에 2~3번 헹궈 물기를 뺀다.

·채수풀국 조리하기

4. 냄비에 생수, 건표고버섯, 무를 담고 가열해서 끓으면 다시마를 넣고 3분 뒤에 다시마를 건져낸 다음 10분 정도 끓여 채수를 만든다.
5. 준비된 채수 2큰술에 찹쌀가루를 잘 풀어 채수에 섞어 묽게 만들어 풀국을 식힌다.

·양념에 버무려 완성하기

6. 분쇄기에 채수풀국과 불린 건고추, 생강, 고춧가루, 매실청, 배를 모두 넣고 갈아서 양념장을 만든다.
7. 준비된 무청에 양념장을 버무려 저장용기에 보관한다.

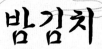

밤김치

재료 밤 500g, 천일염 1컵

채수풀국 재료 생수 2컵, 건표고버섯 2개, 다시마(5×5) 1장, 무(5×5) 1조각, 찹쌀가루 1큰술

양념재료 고춧가루 5큰술, 생강즙 1큰술, 꿀 2큰술, 간장 1큰술

· 재료 준비하기

1. 밤은 껍질을 벗겨 깨끗이 씻고 소금을 물에 풀어 희석시킨 절임물에 2시간가량 절인다.
2. 생강은 껍질을 벗기고 곱게 다져 생강즙을 낸다.
3. 절인 밤은 2~3번 씻어 물기를 뺀다.

· 채수풀국 조리하기

4. 냄비에 생수, 건표고버섯, 무를 담고 가열해서 끓으면 다시마를 넣고 3분 뒤에 다시마를 건져낸 다음 10분 정도 끓여 채수를 만든다.
5. 준비된 채수 2큰술에 찹쌀가루를 잘 풀어 채수에 섞어 묽게 풀국을 만들어 식힌다.

· 양념에 버무려 완성하기

6. 채수풀국에 고춧가루, 다진 생강, 꿀, 간장을 넣고 골고루 섞어 양념장을 만든다.
7. 준비된 밤에 양념장을 버무려 저장용기에 보관한다.

보쌈김치
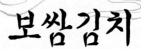

재료 배추 1포기, 천일염 2컵

부재료 무(10×10) 1조각, 청고추 10개, 배 1/2개, 밤 10개, 잣 3큰술, 석이버섯 1/3컵

채수풀국 재료 생수 2컵, 건표고버섯 2개, 다시마(5×5) 1장, 무(5×5) 1조각, 찹쌀가루 1큰술

양념재료 다진 생강 1/2큰술, 고춧가루 2컵, 매실청 2큰술, 설탕 2큰술, 천일염 2큰술

• 재료 준비하기

1. 배추는 소금을 뿌려 3~4시간 절인 뒤 헹궈 물기를 뺀다.
2. 무 1/2개는 2×2cm로 편 썰어 소금, 설탕을 넣고 1시간 동안 절인 뒤 2~3번 헹궈 물기를 뺀다.
3. 무 1/2과 청고추는 채 썰고, 밤과 배는 0.5cm 두께로 편 썬다.
4. 석이버섯은 뜨거운 물에 불려 물기를 제거하고 뒷면의 거친 부분은 긁어내고 딱딱한 부분은 제거하여 채 썬다.
5. 생강을 껍질을 벗겨 곱게 다진다.

• 채수풀국 조리하기

6. 냄비에 생수, 건표고버섯, 무를 담고 가열해서 끓으면 다시마를 넣고 3분 뒤에 다시마를 건져낸 다음 10분 정도 끓여 채수를 만든다.
7. 준비된 채수 2큰술에 찹쌀가루를 잘 풀어 채수에 섞어 묽게 풀국을 만들어 식힌다.

• 양념에 버무려 완성하기

8. 채수풀국에 부재료와 양념재료를 모두 버무린 뒤 잣을 넣고 골고루 섞어 양념장 소를 만든다.
9. 준비된 배추 잎을 떼어내서 2~3장 펼치고 소를 넣어 풀리지 않게 돌돌 말아준다.
10. 저장용기에 담고 겉잎으로 덮는다.

사과말랭이김치

재료 사과 3개

양념재료 고춧가루 1/2컵, 생강즙 2큰술, 매실청 2큰술, 조청 4큰술, 생강즙 2큰술,
소금 1큰술 또는 집간장 3큰술, 통깨 적당량

· 재료 준비하기

1. 사과는 깨끗이 씻어서 반을 갈라 씨를 제거하고 0.5cm 두께로 편 썬다.
2. 편 썬 사과는 꾸덕꾸덕할 정도로 체에 말린다.
3. 생강은 껍질을 벗기고 곱게 다져 생강즙을 낸다.

· 양념에 버무려 완성하기

4. 매실청, 조청에 고춧가루, 생강즙, 소금 또는 집간장, 통깨를 넣고 골고루 섞어 양념장을 만든다.
5. 준비된 말린 사과에 양념장을 버무려 저장용기에 보관한다.

산초김치

재료 산초 1kg

양념재료 집간장 5큰술, 조청 5큰술, 고추장 5큰술, 고춧가루 1/2컵, 청주 3큰술, 통깨 적당량

• 재료 준비하기

1. 산초는 먹기 좋게 잘 다듬은 후 2~3번 씻는다.
2. 손질한 산초는 끓는 물에 데친다.
3. 데친 산초는 12시간 정도 물에 담가 아린 맛을 우려낸다. (2~3차례 물을 바꾸어주면 효과적이다.)

• 양념에 버무려 완성하기

4. 집간장, 조청, 고추장, 고춧가루, 청주를 넣고 골고루 섞어 양념장 을 만든다.
5. 준비된 산초에 양념장을 버무려 저장용기에 보관한다.

쉬박지

재료 무 1개, 천일염 1/2컵

채수풀국 재료 생수 2컵, 건표고버섯 2개, 다시마(5×5) 1장, 무(5×5) 1조각, 찹쌀가루 1큰술

양념재료 고춧가루 1컵, 다진 생강 2큰술, 집간장 2큰술

• 재료 준비하기

1. 무는 두툼하게 숭덩숭덩 5×4×2cm 크기로 썰고 소금을 뿌려 2시간가량 절인다.
2. 물에 가볍게 2~3번 헹궈 체에 건져 물기를 뺀다.
3. 생강은 껍질을 벗겨 깨끗이 씻어 곱게 다진다.

• 채수풀국 조리하기

4. 냄비에 생수, 건표고버섯, 무를 담고 가열해서 끓으면 다시마를 넣고 3분 뒤에 다시마를 건져낸 다음 10분 정도 끓여 채수를 만든다.
5. 준비된 채수 2큰술에 찹쌀가루를 잘 풀어 채수에 섞어 묽게 풀국을 만들어 식힌다.

• 양념에 버무려 완성하기

6. 절인 무를 고춧가루 1/2컵에 버무려 물을 들인다.
7. 채수풀국에 고춧가루 1/2컵, 다진 생강을 넣고 골고루 섞어 양념장을 만든다.
8. 준비된 무에 양념장을 버무려 집간장으로 간을 맞춰 저장용기에 보관한다.

씀바귀김치

재료 씀바귀 500g, 천일염 1/2컵

채수풀국 재료 생수 2컵, 건표고버섯 2개, 다시마(5×5) 1장, 무(5×5) 1조각, 찹쌀가루 1큰술

양념재료 물엿 1큰술, 다진 생강 1/4큰술, 집간장 3큰술

• 재료 준비하기

1. 씀바귀는 시든 잎을 떼어낸 뒤 뿌리와 잎 사이를 칼로 흙과 잔뿌리를 긁어 깨끗하게 손질한다.
2. 씀바귀는 깨끗이 씻어서 소금을 물에 풀어 희석시킨 절임물에 2시간가량 절인다.
3. 생강을 깨끗이 씻어 껍질은 벗기고 곱게 다진다.
4. 절여진 씀바귀는 가볍게 2~3번 헹궈 체에 건져 물기를 뺀다.

• 채수풀국 조리하기

5. 냄비에 생수, 건표고버섯, 무를 담고 가열해서 끓으면 다시마를 넣고 3분 뒤에 다시마를 건져낸 다음 10분 정도 끓여 채수를 만든다.
6. 준비된 채수 2큰술에 찹쌀가루를 잘 풀어 채수에 섞어 묽게 풀국을 만들어 식힌다.

• 양념에 버무려 완성하기

7. 채수풀국에 다진 생강, 고춧가루, 풀물, 물엿을 넣고 골고루 섞어 양념장을 만든다.
8. 준비된 씀바귀에 양념장을 버무려 집간장으로 간을 맞춰 저장용기에 보관한다.

연근김치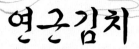

재료 연근 2개, 천일염 1/2컵, 식초 5큰술

양념재료 조청 2큰술, 고춧가루 3큰술, 생강즙 2큰술

・재료 준비하기

1. 연근은 다듬어서 0.5~1cm 두께로 썰어 식초물에 담가 끓는 물에 2분가량 투명해질 때까지 데친다.
2. 데친 연근은 건져서 씻은 다음 소금을 넣고 절인다.
3. 절여진 연근은 물에 2~3번 씻어 물기를 뺀다.
4. 생강은 껍질을 벗기고 곱게 다져 생강즙을 낸다.

・양념에 버무려 완성하기

5. 조청, 고춧가루, 생강즙을 넣고 골고루 섞어 양념장을 만든다.
6. 준비된 연근에 양념장을 버무려 저장용기에 보관한다.

오이소박이

재료 오이 5개, 천일염 1컵 　**부재료** 무(10×10) 1조각, 청 · 홍고추 각 3개

채수 재료 생수 2컵, 건표고버섯 2개, 다시마(5×5) 1장, 무(5×5) 1조각

양념재료 생강즙 1큰술, 고춧가루 4큰술, 매실청 1큰술, 채수 2큰술

· 재료 준비하기

1. 오이는 소금으로 문질러서 깨끗이 씻은 후 6cm 길이로 잘라 양끝을 1cm씩 남기고 ＋자로 칼집을 넣어 진한 소금물(물1 : 소금1)에 푹 절인다.
2. 청 · 홍고추, 무는 3cm 길이로 가늘게 채 썬다.
3. 생강은 껍질을 벗기고 곱게 다져 생강즙을 낸다.
4. 절인 오이는 2~3번 헹궈 체에 건져 물기를 뺀다.

· 채수 조리하기

5. 냄비에 생수, 건표고버섯, 무를 담고 가열해서 끓으면 다시마를 넣고 3분 뒤에 다시마를 건져낸 다음 10분 정도 끓여 채수를 만든다.

· 양념에 버무려 완성하기

6. 채수에 고춧가루, 생강즙, 매실청을 넣고 양념장을 만든 다음 양념장의 1/2은 덜어 2와 함께 양념장을 만들어둔다.
7. 절여진 오이는 물기를 짜고 오이의 위와 아래를 손가락으로 눌러 표면에 양념소가 많이 묻지 않도록 칼집 사이에 소를 고루 채운다.
8. 오이 표면은 고춧가루 양념장을 고루 묻힌다.
9. 소를 버무린 그릇에 1컵 정도의 채수를 넣어 김칫국을 만든 후 걸러서 소박이 저장용기에 부어서 보관한다.

우엉김치

재료 우엉 500g, 천일염 5큰술   **부재료** 식초 1큰술

채수풀국 재료 생수 2컵, 건표고버섯 2개, 다시마(5×5) 1장, 무(5×5) 1조각, 찹쌀가루 1큰술

양념재료 고춧가루 10큰술, 집간장 3큰술, 배즙 10큰술, 생강즙 1큰술

• 재료 준비하기

1. 우엉을 깨끗하게 씻어 껍질째 어슷하게 0.5cm 두께로 썬 뒤 물에 담근다.
2. 끓는 물에 소금, 식초를 넣고 우엉을 끓는 물에 3분가량 데쳐 물기를 뺀다.
3. 생강은 껍질을 벗기고 곱게 다져 생강즙을 낸다.
4. 배는 껍질을 벗기고 강판에 갈아 배즙을 낸다.

• 채수풀국 조리하기

5. 냄비에 생수, 건표고버섯, 무를 담고 가열해서 끓으면 다시마를 넣고 3분 뒤에 다시마를 건져낸 다음 10분 정도 끓여 채수를 만든다.
6. 준비된 채수 2큰술에 찹쌀가루를 잘 푼 뒤 채수에 섞어 풀국을 묽게 만들어 식힌다.

• 양념에 버무려 완성하기

7. 채수풀국에 고춧가루, 집간장, 배즙, 생강즙을 넣고 골고루 섞어 양념장을 만든다.
8. 준비된 우엉에 양념장을 버무려 저장용기에 보관한다.

수삼김치

재료 수삼 10뿌리, 천일염 1/2컵

채수풀국 재료 생수 2컵, 건표고버섯 2개, 다시마(5×5) 1장, 무(5×5) 1조각, 찹쌀가루 1큰술

양념재료 고춧가루 5큰술, 조청 5큰술

- **재료 준비하기**

1. 수삼은 다듬어 깨끗이 씻어 중간에 ㅡ로 한번 칼집을 넣은 뒤 소금을 물에 풀어 희석시킨 절임물을 만들어 2시간가량 절인다.
2. 절인 인삼은 가볍게 2~3번 헹궈 체에 건져 물기를 뺀다.

- **채수풀국 조리하기**

3. 냄비에 생수, 건표고버섯, 무를 담고 가열해서 끓으면 다시마를 넣고 3분 뒤에 다시마를 건져낸 다음 10분 정도 끓여 채수를 만든다.
4. 준비된 채수 2큰술에 찹쌀가루를 잘 풀어 채수에 섞어 풀국을 묽게 만들어 식힌다.

- **양념에 버무려 완성하기**

5. 채수풀국에 조청, 고춧가루를 넣고 골고루 섞어 양념장을 만든다.
6. 준비된 수삼에 양념장을 버무려 저장용기에 보관한다.

적겨자김치

재료 적겨자잎 300g, 천일염 1/2컵   **부재료** 무(10×10) 1조각, 당근 1/2개

채수 재료 생수 2컵, 건표고버섯 2개, 다시마(5×5) 1장, 무(5×5) 1조각

양념재료 고춧가루 6큰술, 물엿 3큰술, 생강즙 1큰술

- **재료 준비하기**

1. 적겨자잎은 깨끗이 씻은 뒤 소금을 물에 풀어 희석시킨 절임물을 만든 뒤 1시간가량 절인다.
2. 절인 적겨자는 2~3번 헹궈 체에 건져 물기를 뺀다.
3. 무와 당근은 깨끗이 씻어 채 썰어 준비한다.
4. 생강은 껍질을 벗겨 곱게 다져 생강즙을 낸다.

- **채수 조리하기**

5. 냄비에 생수, 건표고버섯, 무를 담고 가열해서 끓으면 다시마를 넣고 3분 뒤에 다시마를 건져낸 다음 10분 정도 끓여 채수를 만든다.

- **양념에 버무려 완성하기**

6. 채수에 고춧가루, 물엿, 생강을 넣고 너무 되지 않게 골고루 섞어 양념장을 섞어 놓는다.
7. 준비된 적겨자잎, 무, 당근에 양념장을 버무려 저장용기에 보관한다.

죽순김치

재료 죽순 1kg, 천일염 1컵

부재료 갓 10g, 무(10×10) 1조각

양념재료 생강즙 1큰술, 설탕 2큰술, 고춧가루 1컵, 매실청 2큰술, 통깨 적당량

・재료 준비하기

1. 죽순은 반 갈라 깨끗이 씻어 끓는 물에 된장을 풀어 20분 정도 삶은 뒤 찬물에 헹궈 물기를 제거한다.
2. 삶은 죽순은 소금을 물에 풀어 희석시킨 절임물을 만들어 1시간가량 절인다.
3. 절인 죽순은 2~3번 헹궈 체에 건져 물기를 뺀다.
4. 무는 씻어서 채를 썰고 갓은 3~4cm로 썬다.
5. 생강은 껍질을 벗기고 곱게 다져 생강즙을 낸다.

・양념에 버무려 완성하기

6. 볼에 다진 생강, 설탕, 고춧가루, 매실청, 무, 갓을 넣고 골고루 섞어 양념장을 만든다.
7. 준비된 죽순에 양념장을 버무려 저장용기에 보관한다.

청갓김치

재료 갓 3kg, 천일염 2컵   **부재료** 밤 20개

채수 재료 생수 4컵, 건표고버섯 2개, 다시마(5×5) 1장, 무(5×5) 1조각

양념재료 호박죽 1컵, 찹쌀죽 1컵, 사과즙 5큰술, 생강즙 1.5큰술,
청각 20g, 고춧가루 4컵, 집간장 5큰술

• 재료 준비하기

1. 갓은 너무 크지 않은 것을 준비하여 소금을 물에 풀어 희석시킨 절임물을 만들어 2시간가량 절인다.
2. 밤은 껍질을 벗겨 채 썬다.
3. 찹쌀은 깨끗이 씻어 채수와 냄비에 넣고 되직하게 죽을 쑨다.
4. 호박은 얄팍하게 썰어 채수물을 붓고 푹 삶은 뒤 으깨어 호박죽을 만든다.
5. 사과와 생강을 갈아서 즙을 내고, 청각은 곱게 다진다.
6. 절여진 갓은 2~3번 헹궈 체에 건져 물기를 뺀다.

• 채수 조리하기

7. 냄비에 생수, 건표고버섯, 무를 담고 가열해서 끓으면 다시마를 넣고 3분 뒤에 다시마를 건져낸 다음 10분 정도 끓여 채수를 만든다.

• 양념에 버무려 완성하기

8. 볼에 호박죽, 찹쌀죽, 사과즙, 생강즙, 다진 청각, 고춧가루, 집간장을 넣고 골고루 섞어 양념장을 만든다.
9. 준비된 갓에 양념장을 버무려 저장용기에 보관한다.

총각김치

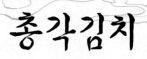

재료 총각무 2단, 천일염 2컵

양념재료 건고추 20개, 밥 1/2컵, 생강즙 2큰술, 배즙 1컵,
매실청 1/2컵, 고춧가루 1/2컵, 집간장 3큰술

・재료 준비하기

1. 총각무는 밑동이 뭉뚝하고 실한 것을 골라 무와 무청 사이를 흙과
   잔뿌리가 남지 않도록 깨끗하게 다듬는다.
2. 소금을 물에 풀어 희석시킨 절임물을 만들어 총각무를 넣고 4시간
   가량 절인다.
3. 배와 생강은 껍질을 벗기고 강판에 갈아 즙을 만든다.
4. 배즙에 마른 고추를 넣고 불린다.
5. 잘 절여진 총각무는 2~3번 헹궈 체에 건져 물기를 뺀다.

・양념에 버무려 완성하기

6. 불린 마른 고추와 밥을 포함한 모든 양념재료를 모두 분쇄기에 넣
   고 갈아 양념장을 만든다.
7. 준비된 총각무는 양념장에 고루 버무린다.
8. 저장용기에 총각김치를 차곡차곡 담고 윗면에 우거지를 덮어 누
   른 후 기호에 따라 익힌 후 냉장 보관한다.

청경채김치

재료 청경채 1kg, 천일염 1/2컵 　**부재료** 무(10×10) 1조각, 홍고추 5개
채수풀국 재료 생수 2컵, 건표고버섯 2개, 다시마(5×5) 1장, 무(5×5) 1조각, 찹쌀가루 1큰술
양념재료 고춧가루 1/2컵, 다진 생강 1큰술, 집간장 3큰술, 설탕 2큰술

• 재료 준비하기

1. 청경채는 깨끗이 씻고, 소금을 물에 풀어 희석시킨 절임물을 만들어 세워서 뿌리부터 절여준다.
2. 절여진 청경채는 가볍게 2~3번 헹궈 체에 건져 물기를 뺀다.
3. 무는 깨끗이 씻어 4cm 길이로 채 썬다.
4. 생강은 껍질을 벗겨 곱게 다진다.

• 채수풀국 조리하기

5. 냄비에 생수, 건표고버섯, 무를 담고 가열해서 끓으면 다시마를 넣고 3분 뒤에 다시마를 건져낸 다음 10분 정도 끓여 채수를 만든다.
6. 준비된 채수 2큰술에 찹쌀가루를 잘 푼 뒤 채수에 섞어 풀국을 묽게 만들어 식힌다.

• 양념에 버무려 완성하기

7. 채수풀국에 고춧가루, 다진 생강, 집간장, 설탕을 섞은 뒤 무채를 넣어 양념장을 만든다.
8. 준비된 청경채에 양념장을 버무려 저장용기에 보관한다.

포기김치

재료 배추 2포기, 천일염 3컵 　**부재료** 무(15×10) 1조각, 붉은 갓 1/4단
채수풀국 재료 생수 2컵, 건표고버섯 3개, 다시마(5×5) 1장, 무(5×5) 1조각, 찹쌀가루 2큰술
양념재료 고춧가루 3컵, 집간장 1/4컵, 다진 생강 3큰술, 매실청 5큰술, 청각 적당량

· 재료 준비하기

1. 배추를 반으로 갈라 소금을 물에 풀어 희석시킨 절임물을 만들어 3~4시간가량 절인 후 2~3차례 씻어 물기를 뺀다.
2. 무는 깨끗이 씻어 채 썰고 붉은 갓은 다듬어 깨끗이 씻은 뒤 3~4cm 크기로 썬다.
3. 청각은 곱게 다진다.
4. 생강은 깨끗이 씻은 후 껍질을 벗겨 곱게 다진다.

· 채수풀국 조리하기

5. 냄비에 생수, 건표고버섯, 무를 담고 가열해서 끓으면 다시마를 넣고 3분 뒤에 다시마를 건져낸 다음 10분 정도 끓여 채수를 만든다.
6. 준비된 채수 4큰술에 찹쌀가루를 잘 풀어 채수에 섞어 풀국을 묽게 만들어 식힌다.

· 양념에 버무려 완성하기

7. 채수풀국에 고춧가루, 다진 생강, 집간장, 소금, 매실청, 청각을 넣어 섞은 뒤 무채와 갓을 넣어 양념장을 만든다.
8. 준비된 배추 잎 사이사이에 양념장을 버무려 저장용기에 보관한다.

갓백김치

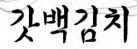

재료 갓 1kg, 천일염 1컵 **부재료** 무(10×10) 1조각, 당근 1개

채수풀국 재료 생수 5컵, 건표고버섯 2개, 다시마(5×5) 1장, 무(5×5) 1조각, 밀가루 2큰술

양념재료 배즙 1컵, 생강즙 1큰술

• 재료 준비하기

1. 갓은 씻어서 소금을 물에 풀어 희석시킨 절임물을 만들어 2시간가량 절인다.
2. 무와 당근은 모양을 내어 절임물에 절인다.
3. 절인 갓과 무, 당근은 2~3번 가볍게 헹궈 체에 건져 물기를 뺀다.
4. 배와 생강은 껍질을 벗기고 강판에 갈아 즙을 낸다.

• 채수풀국 조리하기

5. 냄비에 생수, 건표고버섯, 무를 담고 가열해서 끓으면 다시마를 넣고 3분 뒤에 다시마를 건져낸 다음 10분 정도 끓여 채수를 만든다.
6. 준비된 채수 4큰술에 밀가루를 잘 풀어 채수에 섞은 뒤 풀국을 묽게 만들어 식힌다.

• 양념에 버무려 완성하기

7. 준비된 갓은 저장용기에 담고 채수풀국과 배, 생강즙을 섞어 김칫국을 만들어 용기에 붓는다.
8. 김칫국의 부족한 간은 소금으로 맞춘다.
9. 저장용기에 무, 당근을 띄운다.
10. 기호에 따라 실온에서 익힌 후 냉장 보관한다.

나박물김치

재료 무 1/2개, 배추 5장, 천일염 1컵　　**부재료** 청·홍고추 각각 3개

채수풀국 재료 생수 5컵, 건표고버섯 2개, 다시마(5×5) 1장, 무(5×5) 1조각, 밀가루 2큰술

양념재료 배즙 1컵, 생강즙 1큰술, 매실청 1큰술

· 재료 준비하기

1. 무와 배추는 나박하게 2×2×0.5cm 크기로 썰고, 청·홍고추는 0.5cm 두께로 둥글게 채 썬다.
2. 무와 배추는 소금을 물에 풀어 희석시킨 절임물을 만들어 30분가량 절인다.
3. 절인 무와 배추는 가볍게 2~3번 헹궈 체에 건져 물기를 뺀다.
4. 배는 껍질째 씨만 도려내고 얇게 저며 썬다.
5. 생강은 껍질을 벗기고 강판에 갈아 즙을 낸다.

· 채수풀국 조리하기

6. 냄비에 생수, 건표고버섯, 무를 담고 가열해서 끓으면 다시마를 넣고 3분 뒤에 다시마를 건져낸 다음 10분 정도 끓여 채수를 만든다.
7. 준비된 채수 4큰술에 밀가루를 잘 풀어 채수에 섞어 풀국을 묽게 만들어 식힌다.

· 양념에 버무려 완성하기

8. 분쇄기에 채수풀국과 배, 생강, 매실청을 넣고 곱게 갈아 면포에 걸러 김칫국을 만든다.
9. 준비한 재료들을 김칫국에 담가 살살 버무린 뒤 김칫국의 부족한 간은 소금으로 맞춘다.
10. 기호에 따라 실온에서 익힌 후 냉장 보관한다.

노각김치

재료 노각 1개, 천일염 1컵　**부재료** 오이지 2개, 무(10×10) 1조각

채수풀국 재료 생수 3컵, 건표고버섯 2개, 다시마(5×5) 1장, 무(5×5) 1조각, 밀가루 1큰술

양념재료 천일염 적당량

• 재료 준비하기

1. 노각의 껍질을 벗기고 반을 갈라 씨를 파낸다.
2. 소금을 물에 풀어 희석시킨 절임물을 만들어 2시간가량 절인 뒤 헹궈 물기를 뺀다.
3. 오이지는 0.5cm 두께로 둥글게 채 썬다.
4. 무는 채 썰어서 소금을 물에 풀어 희석시킨 절임물을 만들어 30분 가량 절인다.
5. 절여진 무채는 가볍게 2~3번 헹궈 체에 건져 물기를 뺀다.

• 채수풀국 조리하기

6. 냄비에 생수, 건표고버섯, 무를 담고 가열해서 끓으면 다시마를 넣고 3분 뒤에 다시마를 건져낸 다음 10분 정도 끓여 채수를 만든다.
7. 준비된 채수 2큰술에 밀가루를 잘 풀어 채수에 섞은 뒤 풀국을 묽게 만들어 식혀 김칫국을 만든다.

• 양념에 버무려 완성하기

8. 저장용기에 무채를 담고 노각, 오이지를 올려 김칫국을 부은 뒤 부족한 간은 소금으로 맞춘다.
9. 기호에 따라 실온에서 익힌 후 냉장 보관한다.

무다시마김치

재료 염장 다시마 500g, 무 300g
양념재료 소금 2큰술, 설탕 5큰술, 식초 2큰술

• 재료 준비하기

1. 무는 5×1cm로 썰어 소금, 설탕, 식초 양념장에 30분가량 절인다.
2. 절인 무는 씻지 않고 체에 밭쳐 물기를 뺀다. 남은 물은 버리지 않는다.
3. 염장 다시마를 30분가량 물에 담가 소금기를 빼고 깨끗이 씻어 물기를 뺀다.
4. 물기가 제거된 다시마를 5×5cm로 잘라서 준비한다.

• 양념에 버무려 완성하기

5. 준비된 다시마를 깔아 양념에 절여진 무를 올려 풀리지 않도록 예쁘게 말아 완성시킨다.
6. 완성된 다시마무김치에 무를 절인 후 남은 물을 저장용기에 붓는다.
7. 김치가 풀리지 않도록 저장용기에 담아 냉장 보관한다.

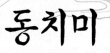

동치미

재료 동치미무 3kg, 천일염 3컵   **부재료** 배추 1포기, 청갓 1단
채수풀국 재료 생수 5컵, 건표고버섯 5개, 다시마(5×5) 1장, 무(5×5) 1조각, 밀가루 3큰술
양념재료 생강 1쪽, 고추씨 1컵, 배 1개, 고추 20개, 청각 적당량, 생수 10컵, 천일염 적당량

• 재료 준비하기

1. 무는 작고 단단한 것을 구입해서 껍질을 제거하지 않고 잔뿌리만
   정리하여 깨끗이 씻은 뒤 소금에 굴려 이틀(30시간 이상)가량 절여
   둔다.
2. 배추는 반 갈라 소금을 물에 풀어 희석시킨 절임물을 만들어 2시
   간가량 충분히 절여 2~3차례 씻어 물기를 뺀다.
3. 청갓을 다듬어 씻은 후 소금에 절여 2~3번 헹군 뒤 체에 받쳐 물기
   를 뺀다.
4. 생강은 저며 썰고 배는 껍질째 씨만 도려낸 뒤 반으로 썰어 준비한다.

• 채수풀국 조리하기

5. 냄비에 생수, 건표고버섯, 무를 담고 가열해서 끓으면 다시마를 넣
   고 3분 뒤에 다시마를 건져낸 다음 10분 정도 끓여 채수를 만든다.
6. 준비된 채수 6큰술에 밀가루를 잘 풀어 채수에 섞어 풀국을 묽게
   만들어 식혀 김칫국을 만든다.

• 양념에 버무려 완성하기

7. 보자기에 배, 생강, 고추씨를 담아 저장용기에 넣는다.
8. 절여놓은 무, 배추와 고추, 청각을 저장용기에 넣고 김칫국과 생수
   를 부어 부족한 간은 소금으로 맞춘다.
9. 기호에 따라 실온에서 익힌 후 냉장 보관한다.

래디시물김치

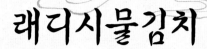

재료 래디시 300g, 천일염 1/2컵

채수풀국 재료 생수 3컵, 건표고버섯 2개, 다시마(5×5) 1장, 무(5×5) 1조각, 밀가루 1큰술

양념재료 매실청 3큰술, 생강즙 1큰술, 천일염 적당량

· 재료 준비하기

1. 래디시는 씻어서 2등분한다.
2. 소금을 물에 풀어 희석시킨 절임물을 만들어 30분가량 절인다.
3. 절여진 래디시는 2~3번 가볍게 헹군 뒤 체에 건져 물기를 뺀다.
4. 생강은 껍질을 벗기고 곱게 다져 생강즙을 낸다.

· 채수풀국 조리하기

5. 냄비에 생수, 건표고버섯, 무를 넣고 가열해서 끓으면 다시마를 넣고 3분 뒤에 다시마를 건져낸 다음 10분 정도 끓여 채수를 만든다.
6. 준비된 채수 2큰술에 밀가루를 잘 푼 뒤 채수에 섞어 풀국을 묽게 만들어 식힌다.

· 양념에 버무려 완성하기

7. 채수풀국에 매실청, 생강즙을 섞어 김칫국을 만든다.
8. 래디시는 저장용기에 담고 김칫국을 부어 부족한 간은 소금으로 맞춘다.
9. 기호에 따라 실온에서 익힌 후 냉장 보관한다. (약간만 익히는 것이 보기도 맛도 좋다.)

무반비늘김치

재료 무 1개, 천일염 1/2컵

부재료 석이버섯 1/4컵, 대추 10개, 밤 7개, 청·홍고추 각각 3개, 표고버섯 3개

채수풀국 재료 생수 3컵, 건표고버섯 5개, 다시마(5×5) 1장, 무(5×5) 1조각, 밀가루 2큰술

양념재료 천일염 적당량

· 재료 준비하기

1. 껍질에 티가 있는 부분만 살짝 긁어내는 정도로 손질한 후 길이로 반을 자른 다음 칼을 눕혀 껍질 쪽에 고기비늘 모양으로 엇갈려서 비스듬히 칼집을 넣는다. (아랫부분은 1cm가량 남긴다.)

2. 칼집을 넣은 무는 소금을 물에 풀어 희석시킨 절임물을 만들어 40분가량 푹 절인 후 두 차례 씻어준다. 이때 무는 칼집을 넣은 부분이 밑으로 가도록 놓아둔다.

3. 절인 무는 2~3번 헹궈 물기를 뺀다.

4. 석이버섯은 미지근한 물에 불려 뒷면의 거친 부분을 손질한 다음 깨끗이 씻어 채 썰고, 대추는 씨를 제거하고 밤은 껍질은 벗겨 채 썬다.

5. 청·홍고추는 반을 갈라 씨를 제거한 뒤 5cm 길이로 가늘게 채 썰고, 표고버섯은 기둥을 제거한 후 가늘게 채 썬다.

· 채수풀국 조리하기

6. 냄비에 생수, 건표고버섯, 무를 담고 가열해서 끓으면 다시마를 넣고 3분 뒤에 다시마를 건져낸 다음 10분 정도 끓여 채수를 만든다.

7. 준비된 채수 4큰술에 밀가루를 잘 풀어 채수에 섞은 뒤 풀국을 묽게 만들어 식혀 김칫국을 만든다.

· 양념에 버무려 완성하기

8. 절인 무의 칼집 사이사이에 부재료의 색감을 잘 살려 넣는다.

9. 완성된 김치를 저장용기에 담고 김칫국을 부어 부족한 간은 소금으로 맞춘다.

10. 기호에 따라 실온에서 익힌 후 냉장 보관한다.

미나리물김치

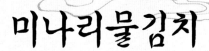

재료 미나리 1단, 천일염 1/2컵 **부재료** 무(10×10) 1조각, 청 · 홍고추 각 1개
채수풀국 재료 생수 10컵, 건표고버섯 3개, 다시마(5×5) 1장, 무(5×5) 1조각, 밀가루 2큰술
양념재료 생강즙 1큰술, 천일염 적당량

· 재료 준비하기

1. 미나리는 손질하여 줄기만 4cm 길이로 썰고 무는 1×4×0.5cm로 얇게 썰어 각각 물에 소금을 희석시킨 절임물에 20분가량 살짝 절여 2~3회 헹궈 물기를 뺀다.

2. 청 · 홍고추는 각각 4cm 길이로 얇게 채 썰어 절임물에 살짝 절여 준비한다.

3. 생강은 껍질을 벗기고 곱게 다져 생강즙을 낸다.

· 채수풀국 조리하기

4. 냄비에 생수, 건표고버섯, 무를 담고 가열해서 끓으면 다시마를 넣고 3분 뒤에 다시마를 건져낸 다음 10분 정도 끓여 채수를 만든다.

5. 준비된 채수 4큰술에 밀가루를 잘 풀어 채수에 섞어 풀국을 묽게 만들어 식혀 김칫국을 만든다.

· 양념에 버무려 완성하기

6. 김칫국에 생강즙을 넣고 소금으로 간을 한다.

7. 손질한 미나리와 무, 청 · 홍고추를 저장용기에 담고 김칫국을 부어 부족한 간은 소금으로 맞춘다.

8. 기호에 따라 실온에서 익힌 후 냉장 보관한다.

배숙김치

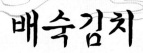

재료 배 2개, 천일염 1/2컵

부재료 배추 잎 6장, 당근 1/4개, 무(10×10) 1조각, 홍고추 4개, 석이버섯 1/4컵

채수풀국 재료 생수 3컵, 건표고버섯 5개, 다시마(5×5) 1장, 무(5×5) 1조각, 밀가루 1큰술

양념재료 천일염 적당량

• 재료 준비하기

1. 소금을 물에 풀어 희석시킨 절임물을 만들어 배추 잎을 30분가량 충분히 절여 2~3번 헹궈 물기를 뺀다.
2. 무와 당근은 채 썰어 절임물에 살짝 절인다.
3. 절여진 배추 잎과 무, 당근은 1~2번 헹궈 체에 밭친 뒤 물기를 뺀다.
4. 홍고추는 0.3cm 두께로 둥글게 채 썬다.
5. 석이버섯은 미지근한 물에 불려 뒷면의 거친 부분과 딱딱한 부분을 손질한 다음 깨끗이 씻어 채 썬다.
6. 배는 앞뒤로 1cm가량 잘라내고 배 속의 씨를 크고 둥글게 제거한다.
7. 절인 무와 당근, 석이버섯, 홍고추는 섞는다.
8. 절인 배추 잎을 펼쳐 7의 속을 넣어 줄기에서 잎방향으로 돌돌 말아 배의 속을 채워준다.

• 채수풀국 조리하기

9. 냄비에 생수, 건표고버섯, 무를 담고 가열해서 끓으면 다시마를 넣고 3분 뒤에 다시마를 건져낸 다음 10분 정도 끓여 채수를 만든다.
10. 준비된 채수 2큰술에 밀가루를 잘 풀어 채수에 섞은 뒤 풀국을 묽게 만들어 식혀 김칫국을 만든다.

• 양념에 버무려 완성하기

11. 완성된 김치를 저장용기에 담고 김칫국을 부어 부족한 간은 소금으로 맞춘다.
12. 기호에 따라 실온에서 익힌 후 냉장 보관한다.

배추말이김치

재료 배추 잎 20장, 천일염 1/2컵

부재료 무(15×10) 1조각, 당근 1/2개, 청·홍고추 각각 5개

채수풀국 재료 생수 2컵, 건표고버섯 2개, 다시마(5×5) 1장, 무(5×5) 1조각, 찹쌀가루 2큰술

양념재료 천일염 적당량

- -

• 재료 준비하기

1. 배추는 겉잎을 떼서 소금을 물에 풀어 희석시킨 절임물을 만들어 배추 잎을 30분가량 충분히 절여 2~3 차례 헹군 뒤 물기를 뺀다.
2. 무, 당근, 청·홍고추는 채 썰어서 절임물에 30분가량 절인 뒤 물기를 뺀다.
3. 절인 배추는 펼쳐서 2의 채소를 넣고 줄기에서 잎방향으로 꼼꼼히 말아준다.

• 채수풀국 조리하기

4. 냄비에 생수, 건표고버섯, 무를 담고 가열해서 끓으면 다시마를 넣고 3분 뒤에 다시마를 건져낸 다음 10분 정도 끓여 채수를 만든다.
5. 준비된 채수 4큰술에 찹쌀가루를 잘 풀어 채수에 섞은 뒤 풀국을 묽게 만들어 식혀 김칫국을 만든다.

• 양념에 버무려 완성하기

6. 완성된 김치를 저장용기에 담고 김칫국을 부어 부족한 간은 소금으로 맞춘다.
7. 기호에 따라 실온에서 익힌 후 냉장 보관한다.

백김치

재료 배추 1포기, 천일염 2컵

부재료 밤 5개, 무(10×10) 1조각, 배 1/2개, 석이버섯 적당량, 청갓 5줄기, 생강 1/2쪽, 생수 5컵

채수풀국 재료 생수 2컵, 건표고버섯 2개, 다시마(5×5) 1장, 무(5×5) 1조각, 찹쌀가루 2큰술

양념재료 매실청 2큰술, 천일염 적당량

• 재료 준비하기

1. 배추는 작은 포기로 준비해서 반으로 잘라, 소금을 물에 풀어 희석시킨 절임물을 만들어 2시간가량 충분히 절인 뒤 배추를 건져 물기를 뺀다.
2. 밤은 껍질을 벗겨 편 썬다.
3. 무, 배는 5cm 길이로 채 썰고, 청갓은 다듬어 4cm 길이로 썬다.
4. 석이버섯은 미지근한 물에 불려 뒷면의 거친 부분을 손질한 다음 깨끗이 씻어 채 썬다.
5. 생강은 깨끗이 씻어 껍질을 벗기고 얇게 채 썬다.

• 채수풀국 조리하기

6. 냄비에 생수, 건표고버섯, 무를 담고 가열해서 끓으면 다시마를 넣고 3분 뒤에 다시마를 건져낸 다음 10분 정도 끓여 채수를 만든다.
7. 준비된 채수 4큰술에 찹쌀가루를 잘 풀어 채수에 섞은 뒤 풀국을 묽게 만들어 식혀 김칫국을 만든다.

• 양념에 버무려 완성하기

8. 준비된 부재료에 소금, 매실청을 넣고 소를 만든다.
9. 절인 배추에 켜켜이 소을 넣어 저장용기에 차곡차곡 담는다.
10. 저장용기에 김칫국과 생수를 부어 부족한 간은 소금으로 맞춘다.
11. 기호에 따라 실온에서 익힌 후 냉장 보관한다.

삼색파프리카김치

재료 파프리카 3개(초록, 노랑, 주황), 천일염 1/2컵

부재료 배추 잎 3장, 당근 1/2개, 무(15×10) 1조각, 홍고추 3개, 석이버섯 1큰술

채수풀국 재료 생수 3컵, 건표고버섯 5개, 다시마(5×5) 1장, 무(5×5) 1조각, 밀가루 1큰술

양념재료 천일염 적당량

• 재료 준비하기

1. 소금을 물에 풀어 희석시킨 절임물을 만들어 배추 잎을 30분가량 충분히 절인다.
2. 무와 당근은 5cm 길이로 채 썰어 절임물에 절인다.
3. 절여진 배추 잎과 무, 당근은 2~3번 헹군 뒤 체에 건져 물기를 뺀다.
4. 홍고추는 0.3cm 두께로 둥글게 썰어서 준비한다.
5. 석이버섯은 미지근한 물에 불려 뒷면의 거친 부분과 딱딱한 부분을 손질한 다음 깨끗이 씻어서 채 썬다.
6. 파프리카는 앞뒤로 1cm씩 잘라 속씨를 제거한다.
7. 절인 무와 당근, 석이버섯은 골고루 섞는다.
8. 절인 배추 잎을 펼쳐 7의 속을 넣어 줄기에서 잎방향으로 돌돌 말아 파프리카의 속을 채워준다.

• 채수풀국 조리하기

9. 냄비에 생수, 건표고버섯, 무를 담고 가열해서 끓으면 다시마를 넣고 3분 뒤에 다시마를 건져낸 다음 10분 정도 끓여 채수를 만든다.
10. 준비된 채수 2큰술에 밀가루를 잘 풀어 채수에 섞은 뒤 풀국을 묽게 만들어 식혀 김칫국을 만든다.

• 양념에 버무려 완성하기

11. 완성된 김치를 저장용기에 담고 김칫국을 부어 부족한 간은 소금으로 맞춘다.
12. 기호에 따라 실온에서 익힌 후 냉장 보관한다.

석류물김치

재료 석류 1/2개, 천일염 1/2컵　　**부재료** 무(10×10) 1조각, 홍고추 2개, 미나리 1줌
채수풀국 재료 생수 1컵, 표고버섯 2개, 다시마(5×5) 1장, 무(5×5) 1조각, 밀가루 1큰술
양념재료 천일염 적당량

• 재료 준비하기

1. 무의 1/2은 둥근 모양으로 얇게 편 썰고 나머지 무는 채 썰어 소금을 물에 풀어 희석시킨 절임물을 만들어 30분가량 절인다.
2. 미나리는 길이로 소금물에 데친 다음 씻어서 물기를 뺀다.
3. 절여진 무와 미나리는 가볍게 2~3번 헹궈 체에 건져 물기를 뺀다.
4. 홍고추는 반을 갈라 씨를 제거하고 5cm 길이로 얇게 채 썬다.
5. 편으로 썬 무는 펼쳐 채 썬 무와 홍고추 · 석류를 올려 돌돌 만 뒤 미나리로 묶는다.

• 채수풀국 조리하기

6. 냄비에 생수, 건표고버섯, 무를 담고 가열해서 끓으면 다시마를 넣고 3분 뒤에 다시마를 건져낸 다음 10분 정도 끓여 채수를 만든다.
7. 준비된 채수 2큰술에 밀가루를 잘 풀어 채수에 섞은 뒤 풀국을 묽게 만들어 식혀 김칫국을 만든다.

• 양념에 버무려 완성하기

8. 무쌈말이는 차곡차곡 저장용기에 담는다.
9. 저장용기에 김칫국을 붓고 석류를 넣어 부족한 간은 소금으로 맞춘다.
10. 기호에 따라 실온에서 익힌 후 냉장 보관한다.

아삭이고추김치

재료 아삭이고추 15개, 천일염 2큰술
부재료 무(10×10) 1조각, 당근 1/2개, 청·홍고추 각 5개
채수풀국 재료 생수 3컵, 건표고버섯 2개, 다시마(5×5) 1장, 무(5×5) 1조각, 찹쌀가루 1큰술
양념재료 매실청 1/2컵, 식초 4큰술, 천일염 적당량

• 재료 준비하기

1. 아삭이고추는 씻어서 꼭지를 다듬고 一자로 칼집을 넣어 씨를 뺀다.
2. 무, 당근, 청·홍고추는 5cm 길이로 채 썰어 매실청, 식초, 소금을 섞어 소를 만든다.

• 채수풀국 조리하기

3. 냄비에 생수, 건표고버섯, 무를 담고 가열해 끓으면 다시마를 넣고 3분 뒤에 다시마를 건져낸 다음 10분 정도 끓여 채수를 만든다.
4. 준비된 채수 2큰술에 찹쌀가루를 잘 풀어 채수에 섞은 뒤 풀국을 묽게 만들어 식혀 김칫국을 만든다.

• 양념에 버무려 완성하기

5. 준비된 아삭이고추에 양념된 소를 꽉 채워준다.
6. 완성된 김치를 저장용기에 담아 김칫국을 부어 부족한 간은 소금으로 맞춘다.
7. 저장용기에 담아 냉장 보관한다.

양배추깻잎물김치

재료 자색 양배추 1/2개, 양배추 1/2개, 깻잎 30장, 천일염 1컵　**부재료** 홍고추 5개

채수풀국 재료 생수 10컵, 건표고버섯 5개, 다시마(5×5) 1장, 무(5×5) 1조각, 밀가루 2큰술

양념재료 천일염 적당량

• 재료 준비하기

1. 양배추와 자색 양배추는 겉잎을 떼어낸 후 4쪽으로 쪼개서 가운데
   심을 도려낸다.
2. 깻잎은 한 장씩 2~3번 씻어 물기를 뺀다.
3. 소금을 물에 풀어 희석시킨 절임물을 만들어 양배추를 30분가량
   충분히 절인 뒤 건져서 물기를 뺀다.
4. 홍고추는 0.3cm 두께로 둥글게 채 썬다.

• 채수풀국 조리하기

5. 냄비에 생수, 건표고버섯, 무를 담고 가열해서 끓으면 다시마를 넣
   고 3분 뒤에 다시마를 건져낸 다음 10분 정도 끓여 채수를 만든다.
6. 준비된 채수 2큰술에 밀가루를 잘 풀어 채수에 섞은 뒤 풀국을 묽
   게 만들어 식혀 김칫국을 만든다.

• 양념에 버무려 완성하기

7. 절인 양배추와 깻잎을 저장용기에 겹겹이 번갈아 쌓아 김칫국을
   자작하게 부어 부족한 간은 소금으로 맞춘다.
8. 고명으로 홍고추를 띄운다.
9. 저장용기에 담아 냉장 보관한다.

오이물김치

재료 오이 6개, 천일염 1컵   **부재료** 무(10×10) 1조각, 당근 1/2개, 홍고추 2개

채수풀국 재료 생수 3컵, 건표고버섯 3개, 감자(6×6) 1개

양념재료 매실청 5큰술, 청양고추 2개, 식초 1/4컵, 천일염 적당량

• 재료 준비하기

1. 오이는 원형 그대로 十자 칼집을 낸다.
2. 소금을 물에 풀어 희석시킨 절임물을 만들어 오이를 1시간가량 충분히 절여 2~3번 헹군 뒤 물기를 뺀다.
3. 무와 홍고추, 당근은 5cm 길이로 얇게 채친 다음 매실청과 소금으로 간을 한다.
4. 절여둔 오이에 양념한 소를 넣는다.

• 채수풀국 조리하기

5. 냄비에 건표고버섯을 넣고 10분 정도 끓여 채수를 만든다.
6. 건표고버섯이 우러나오면 건진다.
7. 감자는 껍질을 벗겨 4등분한다.
8. 채수에 감자를 넣어 익을 때까지 끓인 뒤 풀국을 만들어 식힌다.

• 양념에 버무려 완성하기

9. 감자풀국에 청양고추를 넣고 분쇄기로 갈아준 후 식초를 기호에 따라 첨가하여 김칫국을 만든다.
10. 저장용기에 오이를 담고 김칫국을 부어 부족한 간은 소금으로 맞춘다.
11. 저장용기에 담아 냉장 보관한다.

수삼물김치

재료 수삼 3뿌리, 배추 1/2포기, 천일염 1컵

부재료 무(10×10) 1조각, 당근 1/3개, 청·홍고추 각 1개, 석이버섯 1큰술

채수 재료 생수 2컵, 무(5×5) 1조각, 수삼 1뿌리

양념재료 천일염 적당량

· 재료 준비하기

1. 배추는 소금을 물에 풀어 희석시킨 절임물에 2시간, 수삼은 길이로 반을 잘라 30분가량 절인다.
2. 무 반쪽과 청·홍고추는 5cm 길이로 채 썰고 당근은 모양내어 잘라 소금에 절인다.
3. 석이버섯은 미지근한 물에 불려 뒷면의 거친 부분과 딱딱한 부분을 손질한 다음 깨끗이 씻어 채 썬다.
4. 절여진 배추와 무는 2~3번, 청·홍고추, 당근은 1번 헹궈 체에 밭쳐 물기를 뺀다.

· 채수 조리하기

5. 수삼은 손질해서 물 1컵 반을 넣고 분쇄기에 갈아 면포자기에 넣고 즙을 짠다.
6. 무 반쪽을 강판에 갈아 면포자기에 넣고 즙을 짠다.

· 양념에 버무려 완성하기

7. 준비된 부재료는 섞어서 배추 사이사이에 소를 채운 뒤 손질된 인삼과 함께 저장용기에 담는다.
8. 미리 준비해 놓은 무즙과 수삼즙을 부어 부족한 간은 소금으로 맞춘다.
9. 저장용기에 담아 냉장 보관한다.

나박붉은물김치

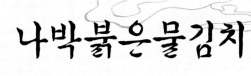

재료 무 1/2개, 배추 5장, 천일염 1/2컵

부재료 청 · 홍고추 각 1개, 대추 3개, 잣 3큰술

채수 재료 생수 3컵, 건표고버섯 2개, 다시마(5×5) 1장, 무(5×5) 1조각

양념재료 배 1/2개, 생강 1/3쪽, 천일염 적당량

- -

• 재료 준비하기

1. 무와 배추는 나박하게 2×2×0.5cm 크기로 썰고, 청 · 홍고추는 0.5cm 두께로 둥글게 채 썬다.
2. 무와 배추는 소금을 물에 풀어 희석시킨 절임물에 30분가량 충분히 절여 2~3번 헹군 뒤 체에 밭쳐 물기를 뺀다.
3. 대추는 돌려 깎아 씨를 제거하고 돌돌 말아 꽃모양으로 채 썬다.
4. 생강은 깨끗이 씻어서 껍질을 벗긴다.

• 채수 조리하기

5. 냄비에 생수, 건표고버섯, 무를 담고 가열해서 끓으면 다시마를 넣고 3분 뒤에 다시마를 건져낸 다음 10분 정도 끓여 채수를 만든 후에 식힌다.

• 양념에 버무려 완성하기

6. 면포에 고춧가루를 넣고 분량의 채수 1컵을 부어서 손으로 조물조물하여 붉은 고춧물을 만든다.
7. 분쇄기에 고춧물, 배, 생강을 넣고 곱게 갈아 면포에 걸러준다.
8. 재료들을 저장용기에 담고 김칫국을 부어 부족한 간은 소금으로 맞춘다.
9. 기호에 따라 실온에서 익힌 후 냉장 보관한다.

돗나물붉은물김치

재료 돗나물 300g　　**부재료** 오이 1/3개, 무(10×10) 1조각, 청·홍고추 각각 1개
채수풀국 재료 생수 3컵, 건표고버섯 2개, 다시마(5×5) 1장, 무(5×5) 1조각, 찹쌀가루 1큰술
양념재료 고춧가루 2큰술, 매실청 5큰술, 생강 1/4쪽, 천일염 적당량

• 재료 준비하기

1. 돗나물은 깨끗이 씻어서 물기를 뺀다.
2. 오이와 무는 깨끗이 씻어 1×4×0.5cm 크기로 썬다.
3. 청·홍고추는 0.3cm 두께로 둥글게 채 썬다.
4. 돗나물과 오이, 무는 저장용기에 담는다.

• 채수풀국 조리하기

5. 냄비에 생수, 건표고버섯, 무를 담고 가열해서 끓으면 다시마를 넣고 3분 뒤에 다시마를 건져낸 다음 10분 정도 끓여 채수를 만든다.
6. 준비된 채수 2큰술에 찹쌀가루를 잘 풀어 채수에 섞은 뒤 풀국을 묽게 만들어 식힌다.

• 양념에 버무려 완성하기

7. 면포에 고춧가루를 넣고 준비 전 채수풀국을 부어 손으로 조물조물하여 고춧물을 만든다.
8. 고춧물, 소금, 매실청, 채수풀국을 섞어 김칫국을 만든다.
9. 재료를 저장용기에 담고 김칫국을 붓는다.
10. 청·홍고추를 띄워 부족한 간은 소금으로 맞춘다.
11. 저장용기에 담아 냉장 보관한다.

상추붉은물김치

재료 상추 1단(500g 정도), 천일염 5큰술 **부재료** 홍고추 5개, 밤 5개
채수풀국 재료 생수 3컵, 건표고버섯 2개, 다시마(5×5) 1장, 무(5×5) 1조각, 밀가루 1큰술
양념재료 고춧가루 2큰술, 매실청 3큰술, 천일염 적당량

• 재료 준비하기

1. 상추는 잘 다듬어 흙이 없도록 깨끗하게 씻은 뒤 물기를 뺀다.
2. 소금을 뿌려 10분가량 살짝 절여 놓는다.
3. 홍고추는 0.3cm 두께로 둥글게 채 썰고, 밤은 껍질을 벗겨 채 썬다.

• 채수풀국 조리하기

4. 냄비에 생수, 건표고버섯, 무를 담고 가열해서 끓으면 다시마를 넣고 3분 뒤에 다시마를 건져낸 다음 10분 정도 끓여 채수를 만든다.
5. 준비된 채수 2큰술에 밀가루를 잘 풀어 채수에 섞은 뒤 풀국을 묽게 만들어 식힌다.

• 양념에 버무려 완성하기

6. 면포에 고춧가루를 넣고 채수풀국 1컵을 부어 손으로 조물조물하여 고춧물을 만든다.
7. 고춧물, 매실청, 채수풀물을 섞어 김칫국을 만든다.
8. 저장용기에 상추 5장을 밑에 놓고 홍고추, 밤채를 얹어가며, 겹겹이 담는다.
9. 김칫국을 부어 부족한 간은 소금으로 맞춘다.
10. 저장용기에 담아 냉장 보관한다.

쌈배추붉은물김치

재료 쌈배추 50장, 천일염 1컵   **부재료** 청 · 홍고추 각각 5개, 밤 5개, 생강 1/2쪽

채수풀국 재료 생수 2컵, 건표고버섯 2개, 다시마(5×5) 1장, 무(5×5) 1조각, 보리쌀가루 2큰술

양념재료 고춧가루 2큰술, 홍고추 5개, 생강 1/2쪽, 천일염 적당량

· **재료 준비하기**

1. 쌈배추는 밑동을 제거하고 깨끗하게 씻은 뒤 물기를 뺀다. 소금을 뿌려 충분히 절여 놓는다.
2. 청 · 홍고추는 0.3cm 두께로 둥글게 채 썰고, 밤은 껍질을 벗겨 편 썬다.
3. 생강은 껍질을 벗긴 뒤 채 썬다.

· **채수풀국 조리하기**

4. 냄비에 생수, 건표고버섯, 무를 담고 가열해서 끓으면 다시마를 넣고 3분 뒤에 다시마를 건져낸 다음 10분 정도 끓여 채수를 만든다.
5. 준비된 채수 2큰술에 보리쌀가루를 잘 풀어 채수에 섞은 뒤 풀국을 묽게 만들어 식힌다.

· **양념에 버무려 완성하기**

6. 면포에 고춧가루를 넣고 채수풀국 1컵을 부어 손으로 조물조물하여 고춧물을 받는다.
7. 분쇄기에 고춧물, 홍고추와 생강을 넣고 함께 간다.
8. 쌈배추 한 장을 밑에 놓고 청 · 홍고추, 밤, 생강을 얹어가며, 겹겹이 저장용기에 담고 국물을 부은 뒤 부족한 간은 소금으로 맞춘다.
9. 기호에 따라 실온에서 익힌 후 냉장 보관한다.

연근비트물김치

재료 연근 2개, 비트(3×3) 1조각, 천일염 1/2컵

부재료 무(10×5) 1조각, 당근 1/4개, 청고추 2개, 식초 1큰술

채수풀국 재료 생수 3컵, 건표고버섯 2개, 다시마(5×5) 1장, 무(5×5) 1조각, 찹쌀가루 2큰술

양념재료 생강 1/2쪽, 배 1/4개, 천일염 적당량

· 재료 준비하기

1. 연근은 껍질을 벗기고 얇게 썰어 식초 탄 물에 10분가량 담갔다가 소금물에 20분가량 절여 건진다.
2. 비트는 강판이나 분쇄기에 갈아서 고운체에 밭쳐 붉은 물을 받는다.
3. 무와 당근은 모양내어 썰고, 청고추는 씨를 제거하고 펼친 뒤 모양 내어 자른다.
4. 배와 생강은 강판에 갈아 즙을 낸다.

· 채수풀국 조리하기

5. 냄비에 생수, 건표고버섯, 무를 담고 가열해서 끓으면 다시마를 넣고 3분 뒤에 다시마를 건져낸 다음 10분 정도 끓여 채수를 만든다.
6. 물 2큰술에 찹쌀가루를 잘 풀어 채수에 섞은 뒤 풀국을 묽게 만들어 식힌다.

· 양념에 버무려 완성하기

7. 비트즙에 배즙, 생강즙, 채수풀국을 넣고 김칫국을 만든다.
8. 저장용기에 연근, 무, 당근, 청고추를 담고 준비한 김칫국을 부어 부족한 간은 소금으로 맞춘다.
9. 저장용기에 담아 냉장 보관한다.

치자물김치

재료 치자 10g, 배추 잎 10장, 천일염 1컵
부재료 무(10×10) 1조각, 당근 1/3개, 청·홍고추 각각 5개
채수 재료 생수 3컵, 건표고버섯 2개, 다시마(5×5) 1장, 무(5×5) 1조각
양념재료 배 1/2개, 생강 1/2쪽, 매실청 2큰술, 천일염 적당량

• 재료 준비하기

1. 무와 배추, 당근은 사방 2.5×0.3cm 두께로 납작하게 썬다.

2. 청·홍고추는 0.3cm 두께로 둥글게 채 썬다.

3. 소금을 물에 풀어 희석시킨 절임물을 만들어 무와 배추는 각각 30분가량, 당근은 10분가량 충분히 절여 2~3회 헹궈 물기를 뺀다.

4. 생강은 깨끗이 씻어 껍질을 벗긴다.

• 채수 조리하기

5. 냄비에 생수, 건표고버섯, 무를 담고 가열해서 끓으면 다시마를 넣고 3분 뒤에 다시마를 건져낸 다음 10분 정도 끓여 채수를 만든다.

• 양념에 버무려 완성하기

6. 분쇄기에 배와 생강, 매실청을 넣고 곱게 간 뒤 면포에 걸러 양념즙을 만든다.

7. 치자를 면포에 싸서 채수에 담가 10~20분가량 치자물을 우려낸다.

8. 양념즙과 치자물을 섞어 김칫국을 만든다.

9. 준비된 재료들은 저장용기에 담고 김칫국을 부어 살살 버무린다.

10. 김칫국의 부족한 간은 소금으로 맞춘다.

11. 기호에 따라 실온에서 익힌 후 냉장 보관한다.

배추속대장김치

재료 배추 1/2포기, 천일염 1/2컵
부재료 밤 5개, 대추 3개, 석이버섯 2큰술, 잣 1큰술
채수 재료 생수 3컵, 건표고버섯 2개, 다시마(5×5) 1장, 무(5×5) 1조각
양념재료 채수 1컵, 집간장 1/2컵, 생강즙 2큰술

· 재료 준비하기

1. 배추는 손질하여 씻고 소금을 물에 풀어 희석시킨 절임물에 충분히 절여 두세 번 헹군 뒤 체에 밭쳐 절인다.
2. 석이버섯은 미지근한 물에 불려 뒷면의 거친 부분과 딱딱한 부분을 손질한 다음 깨끗이 씻어 채 썬다.
3. 대추는 돌려 깎아 돌돌 만 뒤 얇게 썰고, 밤은 껍질을 벗겨 얇게 채 썬다.
4. 생강은 껍질을 벗기고 곱게 다져 생강즙을 낸다.

· 채수 조리하기

5. 냄비에 생수, 건표고버섯, 무를 담고 가열해서 끓으면 다시마를 넣고 3분 뒤에 다시마를 건져낸 다음 10분 정도 끓여 채수를 만든다.

· 양념에 버무려 완성하기

6. 모든 재료를 집간장으로 버무려 간장에 절인 배추에 소를 켜켜이 넣은 후 저장용기에 담고 채수를 자박하게 부어준다.
7. 기호에 따라 실온에서 익힌 후 냉장 보관한다.

사찰
장아찌

가죽장아찌

재료 참가죽 1kg

채수 재료 생수 3컵, 건표고버섯 2개, 다시마(5×5) 1장, 무(5×5) 1조각

양념재료 채수 1컵, 시판용 진간장 1컵, 설탕 1/2컵, 식초 5큰술

・재료 준비하기

1. 참가죽은 깨끗이 씻은 뒤 체에 밭쳐 물기를 뺀다.
2. 참가죽은 저장용기에 가지런히 담아놓는다.

・채수 조리하기

3. 냄비에 생수, 건표고버섯, 무를 담고 가열해서 끓으면 다시마를 넣고 3분 뒤에 다시마를 건져낸 다음 5분 정도 끓여서 채수를 만든다.

・양념에 버무려 완성하기

4. 냄비에 채수, 진간장, 설탕을 넣고 끓인 후 식초를 넣어 한소끔 더 끓인다.
5. 가죽이 담긴 저장용기에 뜨거운 달임장을 부어 누름돌로 눌러놓는다.
6. 냉장 보관하였다가 이틀 후 달임장을 따라내고 한 번 더 끓인 후 식혀서 다시 부어 하루가 지난 후에 먹는다.

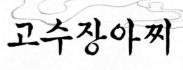

고수장아찌

재료 고수 500g, 천일염 1/2컵

채수 재료 생수 3컵, 건표고버섯 2개, 다시마(5×5) 1장, 무(5×5) 1조각

양념재료 채수 1컵, 시판용 진간장 1컵, 식초 5~10큰술, 설탕 1/2컵, 마른 고추 5개

• 재료 준비하기

1. 고수는 깨끗이 씻어 3등분으로 썰어준다.
2. 썬 고수는 물기를 빼고 저장용기에 가지런히 담아놓는다.

• 채수 조리하기

3. 냄비에 생수, 건표고버섯, 무를 담고 가열해서 끓으면 다시마를 넣고 3분 뒤에 다시마를 건져낸 다음 10분 정도 끓여 채수를 만든다.

• 양념에 버무려 완성하기

4. 냄비에 채수, 마른 고추, 진간장, 설탕을 넣고 끓인 후 식초를 넣고 한소끔 더 끓인다.
5. 고수가 담긴 저장용기에 뜨거운 달임장을 부어 누름돌로 눌러놓는다.
6. 냉장 보관하였다가 이틀 후 달임장을 따라내고 한 번 더 끓인 후 식혀서 다시 부어 하루가 지난 후에 먹는다.

고추장아찌

재료 고추 500g　**부재료** 생강 2쪽

채수 재료 생수 3컵, 건표고버섯 2개, 다시마(5×5) 1장, 무(5×5) 1조각

양념재료 채수 2컵, 시판용 진간장 2컵, 식초 1/2컵, 설탕 1컵

· 재료 준비하기

1. 고추를 깨끗이 씻어 물기를 뺀다.
2. 고추끝 부분을 바늘로 1~2번 구멍을 낸다.
3. 생강은 껍질을 벗겨 얇게 편 썬다.
4. 저장용기에 생강을 밑에 먼저 깔고 고추를 담아놓는다.

· 채수 조리하기

5. 냄비에 생수, 건표고버섯, 무를 담고 가열해서 끓으면 다시마를 넣고 3분 뒤에 다시마를 건져낸 다음 10분 정도 끓여 채수를 만든다.

· 양념에 버무려 완성하기

6. 냄비에 채수, 진간장, 설탕을 넣고 끓인 후 식초를 넣고 한소끔 더 끓인다.
7. 고추가 담긴 저장용기에 뜨거운 달임장을 부어 누름돌로 눌러놓는다.
8. 냉장 보관하였다가 이틀 후 달임장을 따라내고 한 번 더 끓인 후 식혀서 다시 부어 하루가 지난 후에 먹는다.

곰취장아찌

재료 곰취 500g, 천일염 1컵

채수 재료 생수 3컵, 건표고버섯 2개, 다시마(5×5) 1장, 무(5×5) 1조각

양념재료 채수 2컵, 시판용 진간장 2컵, 설탕 1/2컵, 식초 1/4컵, 마른 고추 5개

· 재료 준비하기

1. 곰취를 다듬은 후 흐르는 물에 깨끗이 씻어 물기를 뺀다.
2. 곰취는 끓는 물에 살짝 데친 다음 소금물(소금1 : 물1)을 부어 넣고 떠오르지 않도록 누름돌로 잘 눌러서 10일 정도 삭힌다.
3. 곰취는 잎이 노릇해지면 꺼내서 물에 헹군 다음 체에 건져 물기를 뺀다.
4. 물기가 빠진 곰취는 저장용기에 가지런히 담아놓는다.

· 채수 조리하기

5. 냄비에 생수, 건표고버섯, 무를 담고 가열해서 끓으면 다시마를 넣고 3분 뒤에 다시마를 건져낸 다음 10분 정도 끓여 채수를 만든다.

· 양념에 버무려 완성하기

6. 냄비에 채수, 진간장, 설탕, 식초, 마른 고추를 넣고 팔팔 끓여 양념장을 만든다.
7. 곰취가 담긴 저장용기에 식힌 달임장을 부어 누름돌로 눌러놓는다.
8. 냉장 보관하였다가 이틀 후 달임장을 따라내고 한 번 더 끓인 후 식혀서 다시 부어 하루가 지난 후에 먹는다.

김장아찌

재료 김 100장

채수 재료 생수 5컵, 다시마(5×5) 2장, 건표고버섯 3개, 청양고추 5개

양념재료 채수 4컵, 시판용 진간장 2컵, 황설탕 1/2컵, 조청 1/2컵, 통깨 적당량

・ 재료 준비하기

1. 김은 앞뒤로 살짝 구운 뒤 4등분하여 준비한다.

・ 채수 조리하기

2. 냄비에 생수, 건표고버섯, 청양고추를 담고 가열해서 끓으면 다시마를 넣고 3분 뒤에 다시마를 건져낸 다음 10분 정도 끓여 채수를 만든다.

・ 양념에 버무려 완성하기

3. 채수에 진간장, 황설탕, 조청을 넣고 2/3가 되게 조린다.

4. 김을 10~20장씩 놓고 양념장을 5큰술씩 반복해서 넣은 뒤 통깨를 뿌린다. (잣은 다지고 실고추를 함께 뿌리면 더욱 좋다.)

5. 4의 과정을 계속 반복해 김을 달임장에 재운다.

6. 냉장 보관하였다가 이틀 후 달임장을 따라내고 한 번 더 끓인 후 식혀서 다시 부어 하루가 지난 후에 먹는다.

깻잎장아찌

재료 깻잎 300g

채수 재료 생수 3컵, 건표고버섯 2개, 다시마(5×5) 1장, 무(5×5) 1조각

양념재료 채수 1컵, 시판용 진간장 1컵, 물엿 5큰술, 설탕 5큰술

· 재료 준비하기

1. 깻잎은 한 장씩 2~3차례 씻어 물기를 뺀다.
2. 물기가 빠진 깻잎은 저장용기에 가지런히 담아놓는다.

· 채수 조리하기

3. 냄비에 생수, 건표고버섯, 무를 담고 가열해서 끓으면 다시마를 넣고 3분 뒤에 다시마를 건져낸 다음 10분 정도 끓여 채수를 만든다.

· 양념에 버무려 완성하기

4. 채수에 진간장을 넣고 끓이다가, 물엿을 넣고 한소끔 끓여 달임장을 만든다.
5. 깻잎이 담긴 저장용기에 식힌 달임장을 부어 누름돌로 눌러놓는다.
6. 냉장 보관하였다가 이틀 후 달임장을 따라내고 한 번 더 끓인 후 식혀서 다시 부어 하루가 지난 후에 먹는다.

남방잎장아찌

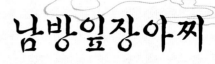

재료 남방잎 500g, 천일염 1/2컵

채수 재료 생수 3컵, 건표고버섯 2개, 다시마(5×5) 1장, 무(5×5) 1조각

양념재료 채수 1컵, 시판용 진간장 1컵, 매실청 1/3컵

• 재료 준비하기

1. 남방잎은 씻어서 물기를 뺀다.
2. 소금을 물에 풀어 희석시킨 절임물을 만들어 5시간가량 절인 뒤 2~3번 헹궈 물기를 뺀다.
3. 물기가 빠진 남방잎은 저장용기에 가지런히 담아놓는다.

• 채수 조리하기

4. 냄비에 생수, 건표고버섯, 무를 담고 가열해서 끓으면 다시마를 넣고 3분 뒤에 다시마를 건져낸 다음 10분 정도 끓여 채수를 만든다.

• 양념에 버무려 완성하기

5. 냄비에 채수, 진간장, 매실청을 넣은 후 한소끔 끓여 달임장을 만든다.
6. 남방잎이 담긴 저장용기에 뜨거운 달임장을 부어 누름돌로 눌러놓는다.
7. 냉장 보관하였다가 이틀 후 달임장을 따라내고 한 번 더 끓인 후 식혀서 다시 부어 하루가 지난 후에 먹는다.

능이버섯장아찌

재료 능이버섯 1kg

양념재료 능이 데친 물 1.5컵, 시판용 진간장 1.5컵, 설탕 1/2컵, 청주 5큰술

• 재료 준비하기

1. 능이버섯은 부드러운 솔로 먼지와 흙을 털어낸다.

2. 너무 작지 않게 2cm가량의 크기로 찢어준다.

3. 깨끗이 씻어 끓는 물에 살짝 데쳐낸 후 찬물에 헹구지 말고 물기를 뺀다. (능이 데친 물은 버리지 말고 식혀놓는다.)

4. 체에 하루 정도 꾸덕꾸덕하게 말린다.

5. 말린 능이버섯을 저장용기에 가지런히 담아놓는다.

• 양념에 버무려 완성하기

6. 냄비에 진간장, 설탕, 능이 데친 물을 넣고 끓인 뒤 청주를 넣어 한소끔 더 끓인 후 식힌다.

7. 능이버섯이 담긴 저장용기에 식힌 달임장을 붓는다.

8. 냉장 보관하였다가 이틀 후 달임장을 따라내고 한 번 더 끓인 후 식혀서 다시 부어 하루가 지난 후에 먹는다.

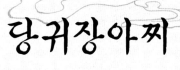

당귀장아찌

재료 당귀 1kg

채수 재료 생수 3컵, 건표고버섯 2개, 다시마(5×5) 1장, 무(5×5) 1조각

양념재료 채수 1.5컵, 시판용 진간장 1.5컵, 매실청 1/2컵

• 재료 준비하기

1. 당귀는 깨끗이 씻어 물기를 뺀다.
2. 물기가 빠진 당귀는 저장용기에 가지런히 담아놓는다.

• 채수 조리하기

3. 냄비에 생수, 건표고버섯, 무를 담고 가열해서 끓으면 다시마를 넣고 3분 뒤에 다시마를 건져낸 다음 10분 정도 끓여 채수를 만든다.

• 양념에 버무려 완성하기

4. 냄비에 채수, 매실청, 진간장을 넣은 후 한소끔 끓으면 약불에서 5분 정도 더 끓여 달임장을 만든다.
5. 당귀가 담긴 저장용기에 식힌 달임장을 부어 누름돌로 눌러놓는다.
6. 냉장 보관하였다가 이틀 후 달임장을 따라내고 한 번 더 끓인 후 식혀서 다시 부어 하루가 지난 후에 먹는다.

도라지장아찌

재료 도라지 1kg 부재료 생강 1쪽

채수 재료 생수 3컵, 건표고버섯 2개, 다시마(5×5) 1장, 무(5×5) 1조각

양념재료 채수 2컵, 시판용 진간장 1/2컵, 집간장 5큰술, 설탕 5큰술, 물엿 1/2컵

• 재료 준비하기

1. 도라지는 깨끗이 씻어 껍질을 벗긴다.
2. 생강은 껍질을 벗겨 편 썬다.
3. 저장용기에 생강을 밑에 먼저 깔고 도라지를 담아놓는다.

• 채수 조리하기

4. 냄비에 생수, 건표고버섯, 무를 담고 가열해서 끓으면 다시마를 넣고 3분 뒤에 다시마를 건져낸 다음 10분 정도 끓여 채수를 만든다.

• 양념에 버무려 완성하기

5. 냄비에 채수, 진간장, 집간장, 설탕, 물엿을 넣은 후 한소끔 끓으면 약불에서 5~10분 정도 더 끓여 달임장을 만든다.
6. 도라지가 담긴 저장용기에 식힌 달임장을 부어 누름돌로 눌러놓는다.
7. 냉장 보관하였다가 이틀 후 달임장을 따라내고 한 번 더 끓인 후 식혀서 다시 부어 하루가 지난 후에 먹는다.

도토리묵장아찌

재료 도토리묵 1kg

양념재료 생수 1컵, 국간장 1컵, 설탕 1/4컵, 물엿 1/2컵

- -

• 재료 준비하기

1. 도토리묵은 5×5cm 크기로 썰어 저장용기에 담는다.

• 양념에 버무려 완성하기

2. 국간장, 생수, 설탕, 물엿을 5분간 달여 달임장을 만든다.

3. 도토리묵이 담긴 저장용기에 달임장을 부어 숙성시킨다.

4. 숙성된 도토리묵장아찌에 실고추와 통깨를 얹는다.

5. 냉장 보관하였다가 이틀 후 양념장을 따라내고 한 번 더 끓인 후
식혀서 다시 부어 하루가 지난 후에 먹는다.

돼지감자장아찌

재료 돼지감자 1kg

채수 재료 생수 3컵, 건표고버섯 2개, 다시마(5×5) 1장, 무(5×5) 1조각

양념재료 채수 2컵, 시판용 진간장 1컵, 설탕 3큰술, 매실청 3큰술

• 재료 준비하기

1. 돼지감자는 흙을 털고 깨끗이 씻어 물기를 뺀다.

2. 1cm 두께로 썰어 저장용기에 가지런히 담아놓는다.

• 채수 조리하기

3. 냄비에 생수, 건표고버섯, 무를 담고 가열해서 끓으면 다시마를 넣고 3분 뒤에 다시마를 건져낸 다음 10분 정도 끓여 채수를 만든다.

• 양념에 버무려 완성하기

4. 냄비에 채수, 진간장, 설탕, 매실청을 넣고 약한 불로 5~10분가량 끓여 달임장을 만든다.

5. 돼지감자가 담긴 저장용기에 식힌 달임장을 부어 누름돌로 눌러 놓는다.

6. 냉장 보관하였다가 이틀 후 달임장을 따라내고 한 번 더 끓인 후 식혀서 다시 부어 하루가 지난 후에 먹는다.

두부장아찌

재료 두부 2모　　**부재료** 생강 3쪽, 식용유 적당량

채수 재료 생수 3컵, 건표고버섯 3개, 다시마(5×5) 2장, 청양고추 5개

양념재료 채수 2컵, 조청 3큰술, 집간장 1/2컵

• 재료 준비하기

1. 두부는 두께 1~1.5cm 정도의 직사각형 모양으로 썰어 물기를 제거한다.
2. 생강은 깨끗이 씻어 껍질을 벗겨 편 썬다.
3. 두부는 달군 팬에 식용유를 두르고 노릇노릇하게 굽는다.
4. 저장용기에 생강을 밑에 깔고 구운 두부를 차곡차곡 담는다.

• 채수 조리하기

5. 냄비에 생수, 건표고버섯, 청양고추를 담고 가열해서 끓으면 다시마를 넣고 3분 뒤에 다시마를 건져낸 다음 10분 정도 끓여 채수를 만든다.

• 양념에 버무려 완성하기

6. 냄비에 채수, 조청, 집간장, 물을 넣고 5~10분가량 끓여 달임장을 만든다.
7. 두부가 담긴 저장용기에 식힌 달임장을 붓는다.
8. 냉장 보관하였다가 이틀 후 달임장을 따라내고 한 번 더 끓인 후 식혀서 다시 부어 하루가 지난 후에 먹는다.

만가닥버섯장아찌

재료 만가닥버섯 500g

채수 재료 생수 2컵, 건표고버섯 2개, 다시마(5×5) 1장, 무(5×5) 1조각

양념재료 채수 1컵, 간장 1컵, 마른 고추 5개, 맛술 2큰술, 올리고당 2큰술,
설탕 1큰술, 천일염 적당량, 식초 2큰술

• 재료 준비하기

1. 만가닥버섯은 깨끗하게 손질한 다음 끓는 물에 살짝 데친다.
2. 찬물에 씻지 않고 체에 밭쳐 물기를 뺀다.
3. 만가닥버섯은 저장용기에 가지런히 담아놓는다.

• 채수 조리하기

4. 냄비에 생수, 건표고버섯, 무를 담고 가열해서 끓으면 다시마를 넣
   고 3분 뒤에 다시마를 건져낸 다음 10분 정도 끓여 채수를 만든다.

• 양념에 버무려 완성하기

5. 냄비에 채수, 마른 고추, 맛술, 올리고당, 식초, 설탕, 간장, 소금을
   넣고 5~10분 정도 끓여 달임장을 만든다.
6. 만가닥버섯이 담긴 저장용기에 뜨거운 달임장을 부어 누름돌로
   눌러놓는다.
7. 냉장 보관하였다가 이틀 후 달임장을 따라내고 한 번 더 끓인 후
   식혀서 다시 부어 하루가 지난 후에 먹는다.

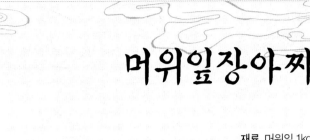

머위잎장아찌

재료 머위잎 1kg

채수 재료 생수 3컵, 건표고버섯 2개, 다시마(5×5) 1장, 무(5×5) 1조각

양념재료 채수 1컵, 시판용 진간장 1컵, 매실청 1/2컵, 설탕 4큰술, 식초 1/4컵

• 재료 준비하기

1. 머위잎은 깨끗이 씻어 물기를 뺀다.
2. 소금물을 끓여 머위잎에 붓고 누름돌로 누른 후 4일가량 삭혀준다.
3. 삭힌 머위잎은 잎과 줄기를 잡고 흔들어가면서 2~3번 씻어 물기를 뺀다.
4. 물기가 빠진 머위잎은 저장용기에 가지런히 담아놓는다.

• 채수 조리하기

5. 냄비에 생수, 건표고버섯, 무를 담고 가열해서 끓으면 다시마를 넣고 3분 뒤에 다시마를 건져낸 다음 10분 정도 끓여 채수를 만든다.

• 양념에 버무려 완성하기

6. 냄비에 채수, 진간장, 매실청, 설탕을 넣어 끓인 뒤 식초를 넣고 한소끔 더 끓여 달임장을 만든다.
7. 머위잎이 담긴 저장용기에 뜨거운 달임장을 부어 누름돌로 눌러놓는다.
8. 냉장 보관하였다가 이틀 후 달임장을 따라내고 한 번 더 끓인 후 식혀서 다시 부어 하루가 지난 후에 먹는다.

무장아찌

재료 동치미무 2kg, 천일염 2컵

채수 재료 생수 3컵, 건표고버섯 2개, 다시마(5×5) 1장, 무(5×5) 1조각

양념재료 채수 2컵, 시판용 진간장 2컵, 설탕 1컵, 식초 1/2컵

・ 재료 준비하기

1. 무는 작고 단단한 것을 구입해 껍질을 제거하지 않고 깨끗이 씻는다.
2. 깨끗이 씻은 무는 1.5×7cm 크기로 썰어서 소금에 굴린 뒤 이틀 정도 절여둔다.
3. 수분이 탈수되어 꼬들꼬들해지면 하루 종일 채반에 말려준다.
4. 무는 저장용기에 가지런히 담아놓는다.

・ 채수 조리하기

5. 냄비에 생수, 건표고버섯, 무를 담고 가열해서 끓으면 다시마를 넣고 3분 뒤에 다시마를 건져낸 다음 10분 정도 끓여 채수를 만든다.

・ 양념에 버무려 완성하기

6. 채수에 진간장, 설탕, 식초를 넣고 끓여 달임장을 만든다.
7. 무가 담긴 저장용기에 식힌 달임장을 부어 누름돌로 눌러놓는다.
8. 냉장 보관하였다가 이틀 후 달임장을 따라내고 한 번 더 끓인 후 식혀서 다시 부어 하루가 지난 후에 먹는다.

애새송이장아찌

재료 애새송이버섯 500g

채수 재료 생수 3컵, 건표고버섯 2개, 다시마(5×5) 1장, 무(5×5) 1조각

양념재료 채수 2컵, 시판용 진간장 1컵, 식초 1/2컵, 생강 1쪽, 마른 고추 5개

• 재료 준비하기

1. 애새송이버섯은 손질한 후 끓는 물에 살짝 데친다.
2. 찬물에 씻지 않고 체에 밭쳐 물기를 뺀다.
3. 생강을 깨끗이 씻어 껍질을 벗겨 편으로 썬다.
4. 저장용기에 생강을 밑에 먼저 깔고 애새송이를 담아놓는다.

• 채수 조리하기

5. 냄비에 생수, 건표고버섯, 무를 담고 가열해서 끓으면 다시마를 넣고 3분 뒤에 다시마를 건져낸 다음 10분 정도 끓여 채수를 만든다.

• 양념에 버무려 완성하기

6. 냄비에 채수, 간장, 마른 고추를 넣고 끓인 후 식초를 넣고 한소끔 더 끓여 달임장을 만든다.
7. 애새송이버섯이 담긴 저장용기에 뜨거운 달임장을 부어 누름돌로 눌러놓는다.
8. 냉장 보관하였다가 이틀 후 달임장을 따라내고 한 번 더 끓인 후 식혀서 다시 부어 하루가 지난 후에 먹는다.

방울토마토장아찌

재료 방울토마토 1팩

채수 재료 생수 3컵, 건표고버섯 2개, 다시마(5×5) 1장, 무(5×5) 1조각

양념재료 채수 1/2컵, 시판용 진간장 1/2컵, 매실청 1/24컵, 설탕 2큰술, 식초 4큰술

• **재료 준비하기**

1. 방울토마토는 붉은빛이 없는 미숙과로 선택해 깨끗이 씻어서 물기를 뺀다.
2. 물기가 빠진 방울토마토는 저장용기에 담아놓는다.

• **채수 조리하기**

3. 냄비에 생수, 건표고버섯, 무를 담고 가열해서 끓으면 다시마를 넣고 3분 뒤에 다시마를 건져낸 다음 10분 정도 끓여 채수를 만든다.

• **양념에 버무려 완성하기**

4. 냄비에 채수, 시판용 진간장, 매실청, 식초, 설탕을 넣은 후 바글바글 끓으면 불을 줄여 5분간 더 끓인다.
5. 방울토마토가 담긴 저장용기에 뜨거운 달임장을 부어 누름돌로 눌러놓는다.
6. 냉장 보관하였다가 이틀 후 달임장을 따라내고 한 번 더 끓인 후 식혀서 다시 부어 하루가 지난 후에 먹는다.

방풍장아찌

재료 방풍나물 500g, 천일염 1작은술

채수 재료 생수 3컵, 건표고버섯 2개, 다시마(5×5) 1장, 무(5×5) 1조각

양념재료 채수 2컵, 시판용 진간장 1컵, 설탕 5큰술, 식초 10큰술, 청주 3큰술

• 재료 준비하기

1. 방풍나물은 씻어서 물기를 충분히 뺀다.
2. 끓는 물에 소금을 넣고 방풍나물을 1분 정도 삶는다.
3. 찬물에 2~3번 헹궈 물기를 뺀다.
4. 물기가 빠진 방풍나물은 저장용기에 담아놓는다.

• 채수 조리하기

5. 냄비에 생수, 건표고버섯, 무를 담고 가열해서 끓으면 다시마를 넣고 3분 뒤에 다시마를 건져낸 다음 10분 정도 끓여 채수를 만든다.

• 양념에 버무려 완성하기

6. 냄비에 채수, 진간장, 설탕을 넣고 끓인 후 식초와 청주를 넣고 한소끔 더 끓인다.
7. 방풍나물이 담긴 저장용기에 식힌 달임장을 부어 누름돌로 눌러놓는다.
8. 냉장 보관하였다가 이틀 후 달임장을 따라내고 한 번 더 끓인 후 식혀서 다시 부어 하루가 지난 후에 먹는다.

산약장아찌

재료 마(산약) 2개 **부재료** 생강 2쪽

채수 재료 생수 5컵, 건표고버섯 3개, 다시마(10×10) 1장, 무(5×5) 1조각

양념재료 채수 3컵, 시판용 진간장 2컵, 설탕 1/2컵, 식초 1/4컵, 마른 고추 5개

• 재료 준비하기

1. 마는 껍질을 벗겨 1×1×5cm 크기로 썰어 끓는 물에 살짝 데친다.
2. 데친 마는 찬물에 헹궈 물기를 뺀다.
3. 생강을 깨끗이 씻어 편으로 썬다.
4. 저장용기에 생강을 밑에 먼저 깔고 마를 담아놓는다.

• 채수 조리하기

5. 냄비에 생수, 건표고버섯, 무를 담고 가열해서 끓으면 다시마를 넣고 3분 뒤에 다시마를 건져낸 다음 10분 정도 끓여 채수를 만든다.

• 양념에 버무려 완성하기

6. 냄비에 채수, 진간장, 설탕, 마른 고추를 넣고 끓인 뒤 식초를 넣고 한소끔 더 끓인다.
7. 산약이 담긴 저장용기에 뜨거운 달임장을 부어 누름돌로 눌러놓는다.
8. 냉장 보관하였다가 이틀 후 달임장을 따라내고 한 번 더 끓인 후 식혀서 다시 부어 하루가 지난 후에 먹는다.

산초장아찌

재료 산초 1kg

채수 재료 생수 3컵, 건표고버섯 2개, 다시마(5×5) 1장, 무(5×5) 1조각

양념재료 채수 2컵, 집간장 1컵, 조청 1/2컵, 청주 1/3컵

• 재료 준비하기

1. 산초는 먹기 좋게 3~5알 크기로 자르고 딱딱한 줄기는 제거한다.
2. 깨끗이 씻어 끓는 물에 데친 뒤 1일(24시간)가량 물에 담가두었다가 물기를 제거하고 저장용기에 담는다.

• 채수 조리하기

3. 냄비에 생수, 건표고버섯, 무를 담고 가열해서 끓으면 다시마를 넣고 3분 뒤에 다시마를 건져낸 다음 10분 정도 끓여 채수를 만든다.

• 양념에 버무려 완성하기

4. 채수와 집간장, 조청을 넣고 한소끔 끓여 달임장을 만든다.
5. 산초가 담긴 저장용기에 식힌 달임장을 붓는다.
6. 냉장 보관하였다가 이틀 후 달임장을 따라내고 한 번 더 끓인 후 식혀서 다시 부어 하루가 지난 후에 먹는다.

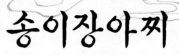

송이장아찌

재료 송이버섯 500g

채수 재료 생수 3컵, 건표고버섯 2개, 다시마(5×5) 1장, 무(5×5) 1조각

양념재료 채수 2컵, 시판용 진간장 1/2컵, 집간장 1/2컵, 마른 고추 5개

• 재료 준비하기

1. 송이버섯을 아주 작은 것으로 골라 흙을 털어낸다.
2. 흐르는 물에 살살 헹궈 물기를 뺀다.
3. 물기가 빠진 송이버섯은 채반 위에 살짝 쪄내어 저장용기에 담아 놓는다.

• 채수 조리하기

4. 냄비에 생수, 건표고버섯, 무를 담고 가열해서 끓으면 다시마를 넣고 3분 뒤에 다시마를 건져낸 다음 10분 정도 끓여 채수를 만든다.

• 양념에 버무려 완성하기

5. 냄비에 채수, 진간장, 집간장을 붓고 팔팔 끓으면 마른 고추를 넣고 한 번 더 끓여준다.
6. 송이버섯이 담긴 저장용기에 뜨거운 달임장을 부어 누름돌로 눌러 놓는다.
7. 냉장 보관하였다가 이틀 후 달임장을 따라내고 한 번 더 끓인 후 식혀서 다시 부어 하루가 지난 후에 먹는다.

쌈배추장아찌

재료 쌈배추 300g **부재료** 홍고추 5개, 청고추 5개
채수 재료 생수 3컵, 건표고버섯 2개, 다시마(5×5) 1장, 무(5×5) 1조각
양념재료 채수 1컵, 시판용 진간장 1/2컵, 설탕 1/2컵, 식초 4큰술

• 재료 준비하기

1. 쌈배추는 밑동의 노란 부분을 제거하고 깨끗이 씻은 뒤 체에 밭쳐 물기를 뺀다.
2. 홍고추와 청고추는 깨끗이 씻어 둥글게 채 썬다.
3. 쌈배추 사이사이에 홍고추와 청고추를 넣고 겹겹이 쌓아 저장용기에 가지런히 담아놓는다.

• 채수 조리하기

4. 냄비에 생수, 건표고버섯, 무를 담고 가열해서 끓으면 다시마를 넣고 3분 뒤에 다시마를 건져낸 다음 10분 정도 끓여 채수를 만든다.

• 양념에 버무려 완성하기

5. 냄비에 채수, 진간장, 설탕을 넣어 끓인 후 식초를 넣고 한소끔 더 끓여 달임장을 만든다.
6. 쌈배추가 담긴 저장용기에 식힌 달임장을 부어 누름돌로 눌러놓는다.
7. 냉장 보관하였다가 이틀 후 달임장을 따라내고 한 번 더 끓인 후 식혀서 다시 부어 하루가 지난 후에 먹는다.

애느타리버섯장아찌

재료 애느타리버섯 2팩
채수 재료 생수 3컵, 건표고버섯 2개, 다시마(5×5) 1장, 무(5×5) 1조각
양념재료 채수 2컵, 시판용 진간장 1컵, 매실청 1/2컵, 말린 고추 5개

• 재료 준비하기

1. 애느타리버섯은 4~5가닥씩 붙여서 찢어준다.

2. 마른 고추는 흐르는 물에 깨끗이 씻는다.

3. 애느타리버섯은 저장용기에 가지런히 담아놓는다.

• 채수 조리하기

4. 냄비에 생수 3컵, 건표고버섯, 무를 담고 가열해서 끓으면 다시마를 넣고 3분 뒤에 다시마를 건져낸 다음 10분 정도 끓여 채수를 만든다.

• 양념에 버무려 완성하기

5. 냄비에 채수, 집간장, 매실청, 말린 고추를 넣고 은근한 불로 5~10분 정도 매콤한 맛이 우러나도록 끓인다.

6. 애느타리버섯이 담긴 저장용기에 뜨거운 달임장을 부어 누름돌로 눌러놓는다.

7. 달임장이 한 김 나가면 저장용기의 뚜껑을 닫고 실온에서 그대로 숙성시킨 후 냉장 보관한다.

어수리장아찌

재료 어수리나물 500g

채수 재료 생수 3컵, 건표고버섯 2개, 다시마(5×5) 1장, 무(5×5) 1조각

양념재료 채수 2컵, 시판용 진간장 1컵, 설탕 1/2컵, 식초 10큰술

• 재료 준비하기

1. 어수리는 깨끗이 씻어서 체에 밭쳐 물기를 뺀다.
2. 어수리는 저장용기에 가지런히 담아놓는다.

• 채수 조리하기

3. 냄비에 생수, 건표고버섯, 무를 담고 가열해서 끓으면 다시마를 넣고 3분 뒤에 다시마를 건져낸 다음 10분 정도 끓여 채수를 만든다.

• 양념에 버무려 완성하기

4. 냄비에 채수, 진간장, 설탕, 식초를 넣고 달임장을 끓여 만든다.
5. 어수리가 담긴 저장용기에 식힌 달임장을 부어 누름돌로 눌러놓는다.
6. 냉장 보관하였다가 이틀 후 달임장을 따라내고 한 번 더 끓인 후 식혀서 다시 부어 하루가 지난 후에 먹는다.

엄나무순장아찌

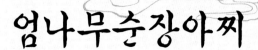

재료 엄나무순 1kg

채수 재료 생수 3컵, 건표고버섯 2개, 다시마(5×5) 1장, 무(5×5) 1조각

양념재료 채수 2컵, 집간장 1컵, 설탕 1컵, 식초 1/2컵

•재료 준비하기

1. 엄나무순을 씻어서 체에 밭쳐 물기를 제거한다.
2. 엄나무순은 줄기를 감싸고 있던 꼭지를 떼어내고 억센 줄기는 잘라내어 사용하지 않는다.
3. 엄나무순은 저장용기에 가지런히 담아놓는다.

•채수 조리하기

4. 냄비에 생수, 건표고버섯, 무를 담고 가열해서 끓으면 다시마를 넣고 3분 뒤에 다시마를 건져낸 다음 10분 정도 끓여 채수를 만든다.

•양념에 버무려 완성하기

5. 냄비에 채수와 집간장, 설탕, 식초를 넣고 달임장을 만든다.
6. 엄나무순이 담긴 저장용기에 뜨거운 달임장을 부어 누름돌로 눌러놓는다.
7. 냉장 보관하였다가 이틀 후 달임장을 따라내고 한 번 더 끓인 후 식혀서 다시 부어 하루가 지난 후에 먹는다.

죽순장아찌

재료 죽순 1kg, 된장 2~3큰술

채수 재료 생수 3컵, 건표고버섯 2개, 다시마(5×5) 1장, 무(5×5) 1조각

양념재료 채수 2컵, 집간장 1컵, 조청 1/2컵, 식초 1/3컵

• 재료 준비하기

1. 죽순은 끓는 물에 된장을 풀고 넣어 한 시간 정도 삶아 아린 맛을 제거한다.
2. 삶은 죽순의 껍질을 벗겨 2시간 정도 물에 담갔다가 썰어 물기를 뺀다.
3. 손질된 죽순은 저장용기에 가지런히 담아놓는다.

• 채수 조리하기

4. 냄비에 생수, 건표고버섯, 무를 담고 가열해서 끓으면 다시마를 넣고 3분 뒤에 다시마를 건져낸 다음 10분 정도 끓여 채수를 만든다.

• 양념에 버무려 완성하기

5. 냄비에 채수, 집간장, 조청을 넣고 끓이다가 식초를 넣고 한소끔 더 끓여 불을 끈다.
6. 죽순이 담긴 저장용기에 식힌 달임장을 부어 누름돌로 눌러놓는다.
7. 냉장 보관하였다가 이틀 후 달임장을 따라내고 한 번 더 끓인 후 식혀서 다시 부어 하루가 지난 후에 먹는다.

팽이버섯장아찌

재료 팽이버섯 2봉, 천일염 1작은술
채수 재료 생수 3컵, 건표고버섯 2개, 다시마(5×5) 1장, 무(5×5) 1조각
양념재료 채수 1컵, 시판용 진간장 1/2컵, 물엿 2큰술, 생강즙 2큰술

• 재료 준비하기

1. 팽이버섯은 밑동을 자른다.
2. 생강은 간판에 갈아 즙을 만들어 놓는다.
3. 팔팔 끓는 물에 소금을 넣고 팽이버섯을 한 다발씩 넣고 살짝 데쳐 물기를 뺀다.
4. 팽이버섯은 저장용기에 가지런히 담아놓는다.

• 채수 조리하기

5. 냄비에 생수, 건표고버섯, 무를 담고 가열해서 끓으면 다시마를 넣고 3분 뒤에 다시마를 건져낸 다음 10분 정도 끓여 채수를 만든다.

• 양념에 버무려 완성하기

6. 냄비에 분량의 채수와 진간장, 물엿을 넣고 끓으면 생강즙을 넣어 식힌다.
7. 팽이버섯이 담긴 저장용기에 식힌 달임장을 부어 누름돌로 눌러 놓는다.
8. 냉장 보관하였다가 이틀 후 달임장을 따라내고 한 번 더 끓인 후 식혀서 다시 부어 바로 먹는다.

삼색무채소금장아찌

재료 무 1개　**부재료** 치자 1조각, 비트 1조각

소스 재료 소금 3큰술, 설탕 1컵, 식초 1/2컵

・재료 준비하기

1. 무는 잘 씻어서 껍질을 벗기고 0.2×0.2×5cm 크기로 채 썰어 3개의 분량으로 나누어 준비한다.

・소스에 버무려 완성하기

2. 소금, 설탕, 식초로 양념소스를 만든다.
3. 만들어진 소스를 동량으로 나누어 담는다.
4. 나누어 담은 소스에 각각 치자, 비트를 넣어 색깔이 잘 우러나도록 한다.
5. 완성된 소스 3가지에 무채를 넣어 버무려준다.
6. 버무려진 무채에 물이 생겨 잠길 때까지 3회 정도 뒤적여준다.
7. 냉장 보관하여 1시간 후에 먹는다.

매실장아찌

재료 매실 1kg

소스 재료 소금 3큰술, 설탕 1kg, 식초 5큰술

· 재료 준비하기

1. 매실은 옅은 식초물에 담가 흔들어 씻은 후 흐르는 물에 깨끗이 씻는다.
2. 체에 밭쳐 물기를 완전히 제거한다.
3. 매실은 꼭지를 이쑤시개로 제거한다.
4. 매실은 반을 갈라 씨를 빼고 과육만 준비한다.

· 소스에 버무려 완성하기

5. 저장용기에 소금과 설탕 500g을 넣고 버무려 2~3일 동안 둔다.
6. 우러난 설탕물은 매실이 잠길 만큼만 남겨두고 부어낸 다음 저장용기에 담긴 매실 위에 남은 500g의 설탕을 부어 매실이 보이지 않도록 덮는다.
7. 냉장 보관하여 이틀 후에 먹는다.

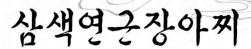
삼색연근장아찌

재료 연근 300g, 식초 1큰술 **부재료** 치자 1조각, 비트 1조각

채수 재료 생수 3컵, 건표고버섯 2개, 다시마(5×5) 1장, 무(5×5) 1조각

소스 재료 채수 2컵, 소금 3큰술, 설탕 2컵, 식초 1/3컵

• 재료 준비하기

1. 연근은 껍질을 깨끗하게 제거하고 약 0.5cm 두께로 일정하게 썬다.
2. 냄비에 물을 끓인 뒤 식초를 넣어 연근을 데친 뒤 건져내어 찬물에 헹궈 물기를 제거한다.
3. 연근은 3개의 분량으로 나눠 저장용기에 담는다.

• 채수 조리하기

4. 냄비에 생수, 건표고버섯, 무를 담고 가열해서 끓으면 다시마를 넣고 3분 뒤에 다시마를 건져낸 다음 10분 정도 끓여 채수를 만든다.

• 소스에 버무려 완성하기

5. 채수, 소금, 설탕, 식초로 양념소스를 만든다.
6. 소스를 3군데 동량으로 나누어 각각 치자, 비트를 넣고 색이 잘 우러나도록 한다.
7. 각각의 소스를 연근이 담긴 저장용기에 담아 냉장 보관한다.

셀러리장아찌

재료 셀러리 1단, 식초 2큰술 **부재료** 생강 2쪽

채수 재료 생수 3컵, 건표고버섯 2개, 다시마(5×5) 1장, 무(5×5) 1조각

소스 재료 채수 2컵, 소금 3큰술, 설탕 1/2컵, 식초 10큰술

• 재료 준비하기

1. 셀러리는 씻어서 굵은 섬유질을 벗겨 먹기 좋은 크기(3×5cm)로 잘라준다.
2. 생강은 깨끗이 씻어서 껍질을 벗겨 편을 썬다.
3. 셀러리는 식초물에 5분 정도 담갔다가 깨끗하게 씻어서 물기를 뺀다.
4. 저장용기에 생강을 먼저 밑에 깔고 셀러리를 담아놓는다.

• 채수 조리하기

5. 냄비에 생수, 건표고버섯, 무를 담고 가열해서 끓으면 다시마를 넣고 3분 뒤에 다시마를 건져낸 다음 10분 정도 끓여 채수를 만든다.

• 양념에 버무려 완성하기

6. 냄비에 채수, 소금, 설탕, 식초를 넣고 끓여 달임장을 만든다.
7. 셀러리가 담긴 저장용기에 뜨거운 달임장을 붓고 누름돌로 눌러놓는다.
8. 냉장 보관하였다가 이틀 후 달임장을 따라내고 한 번 더 끓인 후 식혀서 다시 부어 하루가 지난 후에 먹는다.

오이장아찌

재료 오이 10개, 천일염 2컵

채수 재료 생수 6컵, 건표고버섯 3개, 다시마(10×10) 1장, 무(5×5) 1조각

양념재료 채수 5컵, 천일염 2컵

• 재료 준비하기

1. 길이가 짧고 통통한 오이를 준비해 소금으로 문질러 씻은 뒤 물기를 뺀다.

2. 오이는 저장용기에 가지런히 담아놓는다.

• 채수 조리하기

3. 냄비에 생수, 건표고버섯, 무를 담고 가열해서 끓으면 다시마를 넣고 3분 뒤에 다시마를 건져낸 다음 10분 정도 끓여 채수를 만든다.

• 양념에 버무려 완성하기

4. 냄비에 채수, 소금을 넣고 끓여 달임장을 만든다.

5. 오이가 담긴 저장용기에 뜨거운 달임장을 부어 누름돌로 눌러놓는다.

6. 냉장 보관하였다가 이틀 후 달임장을 따라내고 한 번 더 끓인 후 식혀서 다시 부어 하루가 지난 후에 먹는다.

> **TIP** 오이장아찌가 숙성되어 먹을 때 고춧가루, 설탕, 식초, 마늘 등을 양념하여 먹으면 맛이 좋다.

고추된장장아찌

재료 풋고추 30개
양념재료 된장 1컵, 매실청 2큰술, 채소청 2큰술

• 재료 준비하기

1. 풋고추는 깨끗이 씻어 물기를 뺀다.
2. 이쑤시개 또는 바늘로 고추의 끝부분에 2~3군데 구멍을 낸다.

• 양념에 버무려 완성하기

3. 된장에 매실청과 채소청을 섞어 묽게 해서 양념장을 만든다.
4. 저장용기에 준비된 고추와 양념장을 켜켜이 담는다.
5. 기호에 따라 실온에서 익힌 후 냉장 보관한다.

방아잎된장장아찌

재료 방아잎 500g, 천일염 1컵

양념재료 된장 1컵, 매실청 1컵

・**재료 준비하기**

1. 방아잎은 깨끗이 씻어 물기를 뺀다.
2. 물에 소금을 넣고 센 불에 후루룩 끓인 뒤 식힌다.
3. 식힌 소금물을 방아잎에 붓고 떠오르지 않게 누름돌로 눌러 일주일 정도 삭힌다.
4. 물에 헹궈 물기를 꼭 짠다.

・**양념에 버무려 완성하기**

5. 된장에 매실청을 섞어 묽게 한 뒤 양념장을 만든다.
6. 준비된 방아잎 3~4장에 한 번씩 양념장을 발라 저장용기에 가지런히 담는다.
7. 기호에 따라 실온에서 익힌 후 냉장 보관한다.

우엉된장장아찌

재료 우엉 1kg, 천일염 1컵

양념재료 된장 1kg, 청주 1/3컵

• 재료 준비하기

1. 우엉은 천연 수세미를 이용하여 깨끗이 씻는다.

2. 우엉은 8cm로 썰고 길이로 4등분한다.

3. 소금을 물에 풀어 희석시킨 절임물을 만들어 우엉을 넣고 2~3시간 가량 절인다.

4. 절인 우엉은 깨끗한 물에 한 번 헹군 다음 청주에 한번 더 헹궈서 물기를 뺀다.

• 소스에 버무려 완성하기

5. 준비된 우엉을 된장에 골고루 버무려 저장용기에 차곡차곡 눌러 담는다.

6. 기호에 따라 실온에서 익힌 후 냉장 보관한다.

단감고추장장아찌

재료 단감 3개, 천일염 3큰술
양념 고추장 1컵, 올리고당 1/2컵

- **재료 준비하기**

1. 단감은 껍질을 벗겨 반으로 썬 뒤 꼭지와 씨를 빼고 1cm 두께로
   사각지게 썬다.
2. 소금을 물에 풀어 희석시킨 절임물을 만들어 단감을 넣고 2시간
   동안 절인다.
3. 체에 밭쳐 물기를 뺀다.
4. 절인 단감은 체에 올려 2~3일간 꾸덕꾸덕하게 말린다.

- **양념에 버무려 완성하기**

5. 고추장, 올리고당을 섞어 양념장을 만든다.
6. 말린 단감을 양념장으로 버무린 뒤 양념한 단감은 저장용기에 담
   고 그 위에 다시 남은 양념장을 덮는다.
7. 기호에 따라 실온에서 익힌 후 냉장 보관한다.

톳고추장장아찌

재료 톳 500g
양념 간장 1/2컵, 고추장 1/4컵, 조청 1/2컵

・재료 준비하기

1. 톳은 손질해서 깨끗이 씻은 뒤 물기를 뺀다.
2. 손질한 톳은 간장에 절인다.
3. 간장에 절인 톳은 체에 밭쳐 간장물을 뺀다.

・양념에 버무려 완성하기

4. 고추장, 조청을 섞어 양념장을 만든다.
5. 톳에 양념장을 버무린 뒤 양념한 톳은 저장용기에 담고 그 위에 다시 남은 양념장을 덮는다.
6. 기호에 따라 실온에서 익힌 후 냉장 보관한다.

황은경

현) 경북전문대학교 호텔조리제빵과 교수
현) (사)한국사찰음식문화협회 운영위원장
현) 한국사찰음식문화연구소 소장
경남대학교 경영학박사, 경운대학교 경영학석사
대구한의대학교 이학박사, 대구한의대학교 한방식품학석사
제29호 대한민국 조리명인(한국음식관광협회)
제1, 2회 대한민국산채박람회 운영위원장 역임

2014년 교육부장관상(학생급식창작요리)
2015년 대한불교조계종 총무원장 표창
2016년 농축산식품부장관상(발효음식)
2017년 국회의장상(한국음식관광상품화)
2017년 문화체육관광부장관상(쌀소비 촉진을 위한 한식디저트) 수상 외 다수

사찰김치

2018년 1월 10일 초판 1쇄 인쇄
2018년 1월 15일 초판 1쇄 발행

감수자 성민스님
지은이 황은경
펴낸이 진욱상
펴낸곳 (주)백산출판사
교 정 편집부
본문디자인 박채린
표지디자인 오정은

저자와의
합의하에
인지첩부
생략

등 록 2017년 5월 29일 제406-2017-000058호
주 소 경기도 파주시 회동길 370(백산빌딩 3층)
전 화 02-914-1621(代)
팩 스 031-955-9911
이메일 edit@ibaeksan.kr
홈페이지 www.ibaeksan.kr

ISBN 979-11-961261-5-5
값 25,000원